定期テスト **ズバリよくでる** 数学｜2年 数研出版

もくじ

	教科書のページ	本書のページ Step 1	Step 2	Step 3	標準的な出題範囲 3学期制	2学期制	あなたの学校の出題範囲
1章 式の計算		2	3~4	8~9	1学期 中間テスト	前期 中間テスト	
1 式の計算	16～28						
2 文字式の利用	30～36	5	6~7				
2章 連立方程式		10	11~12	16~17	1学期 期末テスト		
1 連立方程式	42～56						
2 連立方程式の利用	58～64	13	14~15			前期 期末テスト	
3章 1次関数		18	19~21	26~27	2学期 中間テスト		
1 1次関数	70～86						
2 1次関数と方程式	88～93	22	23~25				
3 1次関数の利用	95～98					後期 中間テスト	
4章 図形の性質と合同		28	29~30	34~35			
1 平行線と角	106～121						
2 三角形の合同	122～127	31	32~33		2学期 期末テスト		
3 証明	128～134						
5章 三角形と四角形		36	37~39	44~45		後期 期末テスト	
1 三角形	140～151						
2 四角形	153～166	40	41~43		3学期 期末テスト		
6章 データの活用		46	47~49	50~51			
1 データの散らばり	172～181						
2 データの傾向と調査	182～183						
7章 確率		52	53~55	56			
1 確率	188～197						

取り外してお使いください 赤シート＋直前チェックBOOK,別冊解答

※全国の定期テストの標準的な出題範囲を示しています。学校の学習進度とあわない場合は,「あなたの学校の出題範囲」欄に出題範囲を書きこんでお使いください。

Step 1 基本チェック [1] 式の計算

15分

教科書のたしかめ [ ]に入るものを答えよう!

1 単項式と多項式 ▶ 教 p.16-18 Step 2 1

□(1) 次の $3a^2+b$, $-4y^2$, 5, x^3-2x, ab^2 で,
単項式は[$-4y^2$, 5, ab^2],
多項式は[$3a^2+b$, x^3-2x]

□(2) $-4y^2$ の次数は[2], ab^2 の次数は[3]

□(3) $3a^2+b$ の次数は[2], x^3-2x の次数は[3]

2 多項式の計算 ▶ 教 p.19-23 Step 2 2-5

□(4) $x^2-5x+3x^2+6x$ の同類項をまとめると, [$4x^2+x$]

□(5) $(2x+y)+(4x-3y)$ を計算すると, [$6x-2y$]

□(6) $(5a-4b)-(2a+b)$ を計算すると, [$3a-5b$]

□(7) $-4(2x-y)$ を計算すると, [$-8x+4y$]

□(8) $(12a-24b)\div6$ を計算すると, [$2a-4b$]

□(9) $3(2x+y)-2(x-y)=$[$6x$]$+3y-2x+$[$2y$]
$=$[$4x$]$+$[$5y$]

3 単項式の乗法, 除法 ▶ 教 p.24-27 Step 2 6-8

□(10) $3xy\times2x^2y=$[$6x^3y^2$], $(-3a)^2=$[$9a^2$]

□(11) $12x^2y\div(-3xy)=\dfrac{12x^2y}{[\ -3xy\ ]}=$[$-4x$]

□(12) $3x\times4y\div6y=\dfrac{[\ 3x\times4y\ ]}{6y}=$[$2x$]

4 式の値 ▶ 教 p.28 Step 2 9

□(13) $x=-2$, $y=3$ のとき, $3x-2y$ の値は,
$3\times(-2)-2\times$[3]$=$[-12]

解答欄

(1) ____
____
(2) ____ / ____
(3) ____ / ____
(4) ____
(5) ____
(6) ____
(7) ____
(8) ____
(9) ____ / ____
____ / ____
(10) ____ / ____
(11) ____ / ____
(12) ____
____
(13) ____ / ____

教科書のまとめ ___ に入るものを答えよう!

□数や文字をかけ合わせただけの式を 単項式 , 単項式の和の形で表される式を 多項式 という。

□次数…単項式では, かけ合わされている文字の 個数 をいう。多項式では, 各項の次数のうち, もっとも大きいもの をいう。

□同類項…多項式で文字の部分が 同じ である項をいう。
同類項は, 分配法則の式を使って, $ax+bx=$ $(a+b)x$ のように1つの項にまとめることができる。

Step 2 予想問題

1 式の計算

1ページ 30分

1章

【単項式と多項式，次数】

1 次のあ～うの式について，下の問いに答えなさい。

あ $7a^2b^3$　　い $3x-5x^2+5$　　う $-\frac{1}{3}x^2y$

□(1) 単項式を選び，その記号と次数を答えなさい。

(　　　　　　　　　　)

□(2) 多項式を選び，その記号と項を書きなさい。
また，この式は何次式ですか。

(　　　，項…　　　　　　　，何次式…　　　)

【同類項】

2 次の式の同類項をまとめて簡単にしなさい。

□(1) $2ab-a+ab+a$　　□(2) $7x-5y-3x-2y$

□(3) $-5x+4y-6y+8$　　□(4) $2x^2-x+3-x^2+5$

【多項式の加法と減法①】

よく出る

3 次の計算をしなさい。

□(1) $(5a-2b)+(2a-3b)$　　□(2) $x-(4x-y)$

□(3) $-2x^2-2x-(-x^2+6x)$　　点UP □(4) $\left(\frac{5}{6}x-\frac{2}{3}y\right)-\left(\frac{x}{3}+\frac{y}{2}\right)$

【多項式の加法と減法②】

4 あ，いの2つの式について，下の問いに答えなさい。

あ $6x-4y$　　い $-4x-5y$

□(1) 2つの式をたしなさい。　(　　　　　　)

□(2) あの式からいの式をひきなさい。　(　　　　　　)

【多項式と数の乗法，除法】

よく出る

5 次の計算をしなさい。

□(1) $-(3a-2b)$　　□(2) $(5a+b-2)\div\frac{1}{4}$

□(3) $3(x^2-2x+1)-2(x^2-1)$　　□(4) $\frac{2a-b}{3}-\frac{a-b}{2}$

ヒント

1
(2)多項式では，各項の次数のうち，もっとも大きいものが，その多項式の次数になる。

2
文字の部分が同じ項が同類項である。
同類項どうしで加法・減法を行う。

ミスに注意
文字が同じでも，次数がちがうと同類項ではない。

3
「計算をしなさい」は，**2**の「同類項をまとめる」と同じことである。

テスト得ダネ
(　)の前の符号が－のときは，まちがいやすいのでよく出題される。

4
まず，2つの式にかっこをつけて式に表してから，計算をするとよい。

5
分配法則
$a(x+y)=ax+ay$
を使って，かっこをはずす。

【単項式どうしの乗法】

6 次の計算をしなさい。

□(1) $3a\times5b$　□(2) $(-4x)\times7x$

□(3) $-(-2x)^3$　□(4) $(-4a)^2\times5b$

□(5) $-(3a)^2\times(-ab)$　点UP □(6) $\frac{x}{3}\times\left(-\frac{3}{2}y\right)^2$

【単項式どうしの除法】

7 次の計算をしなさい。

□(1) $2x^2\div(-8x)$　□(2) $12x^2y^2\div(-3xy^2)$

□(3) $6ab^2\div\frac{3}{4}a$　□(4) $-4xy^2\div\frac{2}{3}y$

□(5) $\frac{7}{12}x^2y\div\frac{4}{3}xy$　点UP □(6) $\left(-\frac{9}{10}xy^2\right)\div\left(-\frac{3}{4}xy^2\right)$

【乗法と除法の混じった計算】

よく出る **8** 次の計算をしなさい。

□(1) $x^2y\div xy\times(-4xy^2)$　□(2) $(-n^2)\times(-n)\div n^3$

□(3) $2a^2b\times(-3b)\div6ab^2$　□(4) $-12x^3\div6x\times2x$

□(5) $\frac{1}{4}x\times(4x)^2\div2x$　□(6) $3m\times\left(-\frac{2}{3}m^2\right)\div6m$

【式の値】

よく出る **9** 式の値を求めなさい。

□(1) $x=3$，$y=-2$ のとき，$2x-y^2$ の値

(　　　　　)

□(2) $x=-5$，$y=-3$ のとき，$2(3x+9y)+3(2x-7y)$ の値

(　　　　　)

点UP □(3) $a=-2$，$b=-3$ のとき，$\left(-\frac{a}{2}\right)^3\div(-a^3b)\times ab^2$ の値

(　　　　　)

ヒント

6

係数は係数どうし，文字は文字どうしかける。

ミスに注意

・$-(2x)^2=-4x^2$

・$(-2x)^2=4x^2$

(　)の位置で，計算の結果がちがうことに注意しよう。

7

(1)(2)は分数の形になおし，その他の問題は乗法になおして計算する。

ミスに注意

$\div6x$ は，$\times\frac{1}{6}x$ ではなく，$\times\frac{1}{6x}$

8

除法の項は，乗法の分数の形になおしてから計算する。

9

(2)(3)は，式を簡単にしてから数を代入する。

テスト得ダネ

式の値を求める問題では，負の数を代入する問題がよく出題される。

かっこをつけて代入しよう。

[解答▶p.1-2]

Step 1 基本チェック　2 文字式の利用

15分

教科書のたしかめ　[ ]に入るものを答えよう！

1 文字式の利用

▶ 教 p.30-34　Step 2 1-5

解答欄

□(1) 2けたの自然数で，十の位の数を a，一の位の数を b とすると，この自然数は[$10a+b$]と表せる。
また，十の位の数と一の位の数を入れかえてできる数は[$10b+a$]と表せる。

□(2) 連続する3つの整数は，いちばん小さい数を n とすると，n，[$n+1$]，[$n+2$]と表せる。

□(3) 5の倍数は，整数 m を用いると[$5m$]と表せる。

2 等式の変形

▶ 教 p.35-36　Step 2 6

□(4) 等式 $x+y=b$ を，x について解く。
y を右辺に移項して，$x=$[$b-y$]

□(5) 等式 $\frac{1}{2}a=b$ を，a について解く。
両辺に[2]をかけて，$a=$[$2b$]

□(6) 等式 $3x+2y=4$ を，x について解く。
$2y$ を右辺に移項して，$3x=4-2y$
両辺を[3]でわると，$x=$[$\frac{4-2y}{3}\left(\frac{4}{3}-\frac{2}{3}y\right)$]

□(7) 等式 $S=\frac{ab}{2}$ を，a について解く。
「$m=n$ ならば，$n=m$」より，両辺を入れかえて，$\frac{ab}{2}=S$
両辺に2をかけると，[ab]=[$2S$]
両辺を b でわると，$a=$[$\frac{2S}{b}$]

(1)
(2)
(3)
(4)
(5)
(6)
(7)

教科書のまとめ　___に入るものを答えよう！

□文字式を利用して，数や図形についてのいろいろな性質を説明することができる。

□m を整数として偶数を m を使った式で表すと，$2m$ となる。

□n を整数として奇数を n を使った式で表すと，$2n+1$，または $2n-1$ となる。

□等式の変形…等式の性質を利用して，文字 x をふくむ等式から，「$x=$……」の形に式を変形する。この変形を，等式を x について 解く という。

Step 2 予想問題 2 文字式の利用

【文字式の利用①】

1 「奇数から偶数をひくと，奇数となる。」このことを次のように説明しました。□にあてはまる式を書きなさい。

［説明］ m，n を整数として，奇数を $2m+1$，偶数を ㋐□ と表す。

このとき，これらの差は，

$(2m+1)-$ ㋐□ $=$ ㋑□

$=2($ ㋒□ $)+1$

$m-n$ は整数であるから，$2(m-n)+1$ は奇数である。

よって，奇数から偶数をひくと，奇数となる。

【文字式の利用②】

2 となり合う 2 つの整数の和は，いつでも奇数になります。
このことを文字を使って，説明しなさい。

【文字式の利用③】

点UP **3** 3 けたの自然数で，各位の数の和が 3 の倍数であるとき，この 3 けたの自然数は，3 の倍数となります。次の問いに答えなさい。

□(1) 百の位の数を a，十の位の数を b，一の位の数を c として，3 けたの自然数を表しなさい。

(　　　　　　)

□(2) $a+b+c$ は，どんな数になりますか。

(　　　　　　)

□(3) 3 けたの自然数が，3 の倍数となることを説明しなさい。

ヒント

1
奇数は，
$2\times$(整数)$+1$
と表す数であるから，この形になるように説明する。

ミスに注意
偶数を $2n$ として，奇数と偶数の差を，m，n を使って表す。

2
n を整数としてとなり合う数をどう表すかを考える。

3
(1) 2 けたの数は，十の位の数を a，一の位の数を b とすると，十の位の数を 10 倍して $10a+b$ と表せる。同じように 3 けたの数は，百の位の数を 100 倍する。
(3) $3\times$(自然数)の形を導く。

テスト得ダネ
偶数は 2 の倍数であることや，3 や 9 の倍数になる説明がよく出題される。

[解答▶p.2]

【文字式の利用④】

よく出る

4 縦 a m，横 b m の長方形の土地に，右の図のような道路をつくりました。このとき，残りの土地の面積を S m^2 として，S を a，b，c を使った式で表しなさい。また，求めた式を c について解きなさい。

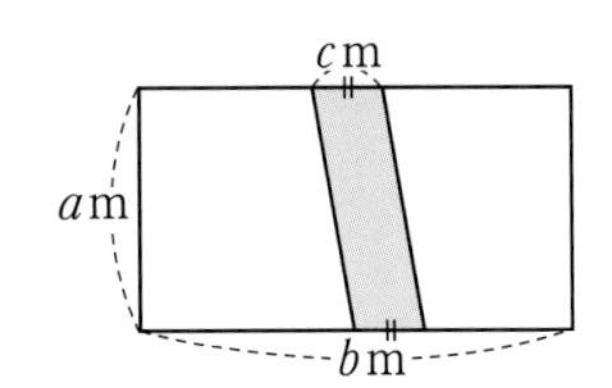

（$S=$　　　　　　　　）

（$c=$　　　　　　　　）

【文字式の利用⑤】

5 右の図のような，2つの半円と長方形を組み合わせた図形をつくり，この図形の面積を S cm^2 とするとき，S を x，r を使った式で表しなさい。

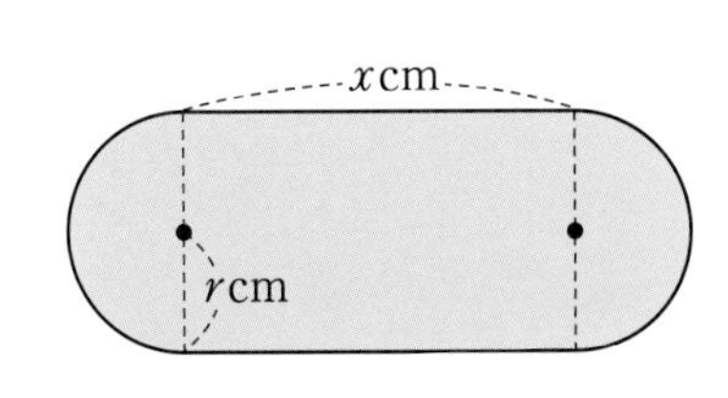

（　　　　　　　　）

【等式の変形】

6 次の等式を〔　〕内の文字について解きなさい。

(1) $a+b=10$　〔b〕

（　　　　　　　　）

(2) $3m+\frac{1}{2}n=\frac{5}{4}$　〔n〕

（　　　　　　　　）

(3) $y=2x-3$　〔x〕

（　　　　　　　　）

(4) $a=\frac{2b+4c}{6}$　〔b〕

（　　　　　　　　）

(5) $\ell=2\pi r$　〔r〕

（　　　　　　　　）

(6) $V=\frac{1}{3}\pi r^2 h$　〔h〕

（　　　　　　　　）

(7) $S=2\pi r\times\frac{x}{360}$　〔x〕

（　　　　　　　　）

点UP

(8) $c=2(a+b)-3$　〔a〕

（　　　　　　　　）

ヒント

4

道路の部分の平行四辺形の高さは，a m である。

テスト得ダネ

文字式を使って面積を表す問題は，出やすい。面積に関する公式について復習しておこう。

5

2つの半円を合わせると，1つの円になるので，

S=(円の面積)+(長方形の面積)

6

「等式の性質」を使って左辺を〔　〕の中の文字だけにする。〔　〕の中の文字が右辺にあるときは左辺と入れかえると解きやすい。

ミスに注意

左辺と右辺を入れかえるときは，符号を変える必要がない。移項するときは符号を変える。

Step 3 予想テスト 1章 式の計算

30分

/100点
目標 80点

1 次の計算をしなさい。知　　24点(各4点)

□(1) $(4a-2b+3)+(a-2b-2)$

□(2) $(2x^2+3x-1)-(5x^2+x+3)$

□(3) $3(2x-4y)-2(3x-y)$

□(4) $a-b-\dfrac{-a+2b}{2}$

□(5) $\dfrac{-7x+4y}{3}-\dfrac{-5x+3y}{5}$

□(6)
$$\begin{array}{r} 4x+7y-3 \\ -)\ 5x+6y-2 \\ \hline \end{array}$$

2 次の計算をしなさい。知　　24点(各4点)

□(1) $5x\times(-2xy)$

□(2) $-(-3x)^3$

□(3) $-8x^3y^2\div(-2x^2y)$

□(4) $\dfrac{3}{4}ab^2\div\dfrac{1}{4}a^2b$

□(5) $4y\times\left(-\dfrac{3}{4}y\right)^2\div12y$

□(6) $4x^2\div\left(\dfrac{2}{3}x\right)^2\times\left(-\dfrac{1}{2}x\right)^2$

3 2つの多項式 A，B があります。

$A=3x^2-2x+6$　　$B=-5x^2+6x-8$

このとき，次の計算をしなさい。知　　8点(各4点)

□(1) $A+B$

□(2) $2A-3B$

4 $x=\dfrac{1}{3}$，$y=-\dfrac{1}{2}$ のとき，次の式の値を求めなさい。知　　10点(各5点)

□(1) $3(x-4y)-2(-3x+y)$

□(2) $-6x^2y\div\dfrac{1}{3}x$

5 次の等式を〔　〕内の文字について解きなさい。知　16点(各4点)

□(1) $2x+6y=4$　〔x〕

□(2) $\ell=2(a+b)$　〔a〕

□(3) $\dfrac{a+b+c}{3}=m$　〔c〕

□(4) $S=\dfrac{1}{2}(a+b)h$　〔b〕

6 □ 底面の半径が r cm，高さが h cm の円柱 A と，底面の半径を 3 倍にし，高さを $\dfrac{1}{3}$ にした円柱 B があります。
円柱 B の体積は，円柱 A の体積の何倍になりますか。知 考　6点

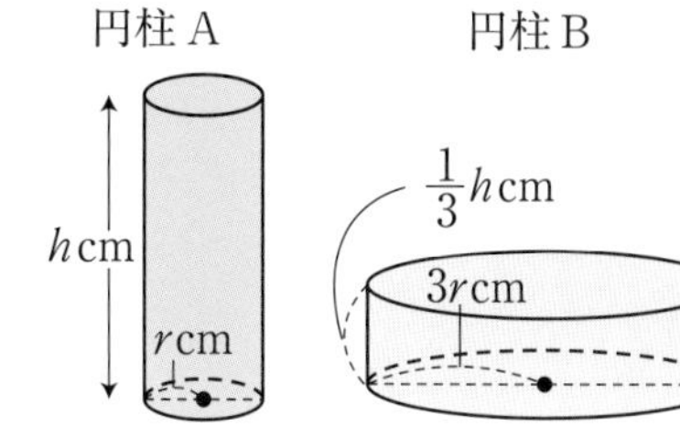

7 十の位の数が m，一の位の数が n の 2 けたの自然数を A とし，自然数 A の十の位の数と一の位の数を入れかえてできる 2 けたの自然数を B とします。
次の問いに答えなさい。知 考　12点(各6点)

□(1) $A-B$ を，m，n を用いて表しなさい。

□(2) $A-B$ は，いつもある整数でわり切れます。
どんな数でわり切れるか，1 より大きい整数で答えなさい。

1	(1)	(2)	(3)	
	(4)	(5)	(6)	
2	(1)	(2)	(3)	
	(4)	(5)	(6)	
3	(1)		(2)	
4	(1)		(2)	
5	(1)	(2)	(3)	(4)
6				
7	(1)		(2)	

1 ／24点　**2** ／24点　**3** ／8点　**4** ／10点　**5** ／16点　**6** ／6点　**7** ／12点

[解答▶p.4]

Step 1 基本チェック [1] 連立方程式

15分

教科書のたしかめ [ ]に入るものを答えよう！

解答欄

❶ 2元1次方程式と連立方程式

▶ 教 p.42-45 Step 2 ❶

□(1) 次の㋐～㋓の中で，2元1次方程式 $3x-2y=12$ を成り立たせる x，y の値の組は，[㋑]と[㋓]である。

㋐ $x=2$，$y=3$　　㋑ $x=2$，$y=-3$

㋒ $x=-2$，$y=3$　　㋓ $x=4$，$y=0$

(1) ／

❷ 連立方程式の解き方

▶ 教 p.46-53 Step 2 ❷-❸

□(2) 次の連立方程式 $\begin{cases}5x+2y=6\\3x-2y=10\end{cases}$ は，[加減]法で，$\begin{cases}y=4x+13\\2x+y=1\end{cases}$ は，[代入]法で解くとよい。

(2)

□(3) $\begin{cases}5x+2y=6 \cdots\cdots ①\\3x-2y=10 \cdots\cdots ②\end{cases}$ を解く。①＋②で[y]を消去して，

$8x=16$，$x=2$　$x=2$ を①に代入すると，$y=$[-2]

(3)

□(4) $\begin{cases}y=4x+13 \cdots\cdots ①\\2x+y=1 \cdots\cdots ②\end{cases}$ を解く。

①を②に[代入]すると，$2x+4x+13=1$，$x=$[-2]

x の値を①に代入すると，$y=$[5]

(4)

❸ いろいろな連立方程式の解き方

▶ 教 p.54-56 Step 2 ❹-❼

□(5) 係数に小数をふくむ連立方程式は，両辺を[10]倍，[100]倍，……して，係数を整数になおしてから解く。

(5) ／

□(6) 係数に分数をふくむ連立方程式は，両辺に分母の[最小公倍数]をかけて，係数を整数にしてから解く。

(6)

教科書のまとめ ＿＿に入るものを答えよう！

□ 2つの文字をふくむ1次方程式を 2元1次方程式 という。また，方程式をいくつか組にしたものを 連立方程式 という。

□ 連立方程式で，どの方程式も成り立たせる文字の値の組を 解 といい，その解を求めることを連立方程式を 解く という。

□ **連立方程式の解き方(1)**…1つの文字の係数の絶対値をそろえ，両辺をたしたりひいたりすることで，その文字を消去して解く方法を 加減法 という。

□ **連立方程式の解き方(2)**…代入によって1つの文字を消去して解く方法を 代入法 という。

Step 2 予想問題　1 連立方程式

【連立方程式の解】

❶ 次の㋐～㋓の中から，連立方程式 $\begin{cases} -2x+y=-10 \\ 7x-2y=29 \end{cases}$ の解を選びなさい。

□

㋐ $x=5$，$y=3$　　㋑ $x=3$，$y=-4$

㋒ $x=-3$，$y=-4$　　㋓ $x=13$，$y=16$

(　　　　　　)

【連立方程式の解き方　加減法】

❷ 次の連立方程式を解きなさい。

□(1) $\begin{cases} 4x+y=9 \\ -4x+2y=-6 \end{cases}$　　□(2) $\begin{cases} 2x-5y=-9 \\ -3x+5y=11 \end{cases}$

□(3) $\begin{cases} x-3y=7 \\ 3x+2y=-1 \end{cases}$　　□(4) $\begin{cases} 3x+2y=0 \\ -4x+3y=17 \end{cases}$

【連立方程式の解き方　代入法】

❸ 次の連立方程式を解きなさい。

□(1) $\begin{cases} x=2y-1 \\ 3x-5y=1 \end{cases}$　　□(2) $\begin{cases} 5x-3y=-7 \\ y=x+3 \end{cases}$

□(3) $\begin{cases} x=3y \\ 3x-y=-24 \end{cases}$　　□(4) $\begin{cases} 8x-3y=9 \\ 3y=x+12 \end{cases}$

【連立方程式の解き方】

❹ 次の連立方程式を適当な方法で解きなさい。

□(1) $\begin{cases} 3x+4y=10 \\ x-5y=-3 \end{cases}$　　□(2) $\begin{cases} 2x+6y=36 \\ 4x+9y=48 \end{cases}$

□(3) $\begin{cases} 6x-7y=12 \\ 3x=2y+15 \end{cases}$　　□(4) $\begin{cases} -3x-5y=-10 \\ 2x+3y=7 \end{cases}$

ヒント

❶
㋐～㋓の x と y の値を方程式の左辺に代入した値が，どちらも右辺の数と同じになる値の組が連立方程式の解である。

❷
x，y のどちらかの係数の絶対値をそろえて，2つの式の左辺どうし，右辺どうしをたしたりひいたりして，その文字を消去する。

テスト得ダネ
x，y の一方の絶対値が同じ連立方程式は，そのままたすかひくかで1つの文字が消去できる。

❸
$x=$～，$y=$～の形の式がある場合は，代入法で解く。
(4) $3y$ をそのまま代入する。

❹
式の形を見て，どの方法で解くかを決める。
(3) $3x=2y+15$ の式を2倍にした式にすると，$6x$ の代入法でも解ける。

【かっこのある連立方程式】

❺ 次の連立方程式を解きなさい。

□(1) $\begin{cases} x-6y=-13 \\ 3(x-2y)+7=-8 \end{cases}$

□(2) $\begin{cases} 4x-2y=11+3x \\ 2(x-2y)+3y=13 \end{cases}$

□(3) $\begin{cases} 5(x+y)-2y=-1 \\ x-3(x-y)+8=0 \end{cases}$

□(4) $\begin{cases} 2(2x+y)=3x+5 \\ 4x-11=-3(x+2y) \end{cases}$

【係数に小数や分数をふくむ連立方程式】

❻ 次の連立方程式を解きなさい。

□(1) $\begin{cases} x-0.6y=0.2 \\ 2x-y=-1 \end{cases}$

□(2) $\begin{cases} 0.2x-0.3y=2.3 \\ 0.5x+0.6y=1.7 \end{cases}$

□(3) $\begin{cases} 4x-5y=22 \\ \dfrac{x}{3}-\dfrac{y}{2}=2 \end{cases}$

□(4) $\begin{cases} \dfrac{x+y}{2}=\dfrac{x}{5} \\ \dfrac{x-y}{4}=x+3 \end{cases}$

□(5) $\begin{cases} x-y=4 \\ \dfrac{x+y}{2}=3 \end{cases}$

□(6) $\begin{cases} \dfrac{3x+2y}{4}-\dfrac{x-y}{6}=\dfrac{11}{4} \\ 0.2x+0.3y=0.8 \end{cases}$

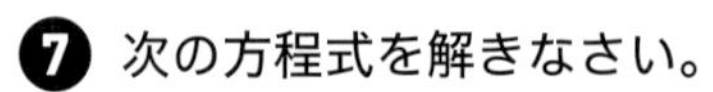

【$A=B=C$ の形をした方程式】

❼ 次の方程式を解きなさい。

□(1) $3x+2y=4x+3y=2$

□(2) $4x+5y=3x+2y=14$

□(3) $8-3x=2x+5y+3=-5x+3y$

ヒント

❺

かっこがある式では，まずかっこをはずして簡単にする。このとき，文字の項は左辺に，数は右辺に移項しておくと解きやすい。

❻

係数に小数や分数がある方程式は，係数がすべて整数になるように変形してから解くとよい。

ミスに注意

方程式の係数を整数にするときは，必ず両辺に同じ数をかけることを忘れない。

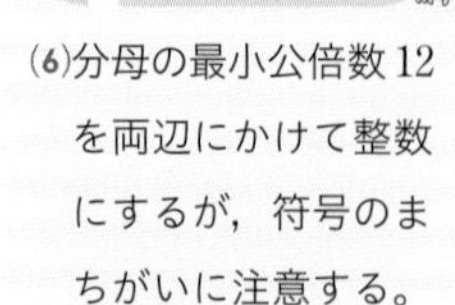

(6)分母の最小公倍数 12 を両辺にかけて整数にするが，符号のまちがいに注意する。

テスト得ダネ

かっこや分数や小数のある連立方程式の問題はよく出る。

❼

$A=B=C$ の形の方程式は，

$\begin{cases} A=B \\ A=C \end{cases}$ $\begin{cases} A=B \\ B=C \end{cases}$ $\begin{cases} A=C \\ B=C \end{cases}$ の，どの組み合わせでも解くことができる。

[解答▶p.6-7]

Step 1 基本チェック　2 連立方程式の利用

15分

教科書のたしかめ　[ ]に入るものを答えよう！

1 連立方程式の利用

▶ 教 p.58-64　Step 2 1-8

□(1)『1個80円のりんごと，1個30円のみかんを合わせて13個買うと640円でした。りんごとみかんは何個ずつ買いましたか。』

[解き方]　りんごをx個，みかんをy個買ったとして，個数と代金の関係から，

$$\begin{cases} x+y=[㋐\ 13] & \cdots\cdots① \\ 80x+[㋑\ 30y]=[㋒\ 640] & \cdots\cdots② \end{cases}$$

①より，$x=$[㋓ 13]$-y$ ……③

これを②に代入して，$80\times([㋔\ 13-y])+30y=640$

これを解くと，$y=$[㋕ 8]　これを③に代入して，$x=5$

これは問題に適している。

答　りんごは[㋖ 5]個，みかんは[㋗ 8]個

□(2)『鉛筆4本とノート3冊を買うと430円，同じ鉛筆5本とノート2冊を買うと380円です。この鉛筆1本とノート1冊の値段はそれぞれいくらですか。』

[解き方]　鉛筆1本をx円，ノート1冊をy円として，代金の関係から，

$$\begin{cases} 4x+3y=[㋐\ 430] & \cdots\cdots① \\ [㋑\ 5x]+2y=[㋒\ 380] & \cdots\cdots② \end{cases}$$

①，②を連立方程式として解くと，$x=$[㋓ 40]，$y=$[㋔ 90]

これは問題に適している。

答　鉛筆1本[㋕ 40]円，ノート1冊[㋖ 90]円

解答欄

(1)㋐ ___
㋑ ___
㋒ ___
㋓ ___
㋔ ___
㋕ ___
㋖ ___
㋗ ___

(2)㋐ ___
㋑ ___
㋒ ___
㋓ ___
㋔ ___
㋕ ___
㋖ ___

教科書のまとめ　___に入るものを答えよう！

□ 問題を解く手順

[1]　問題文から求める数量を 文字 で表す。求めたいもの以外の数量を文字で表すこともある。

[2]　等しい 数量 を見つけて，2つの方程式に表す。

[3]　連立方程式を解く。

[4]　解が実際の問題に 適している か確かめる。

□ 道のり・速さ・時間の関係

(道のり)=(速さ)×(時間)　　(速さ)=$\dfrac{(\text{道のり})}{(\text{時間})}$　　(時間)=$\dfrac{(\text{道のり})}{(\text{速さ})}$

Step 2 予想問題 [2] 連立方程式の利用

1ページ 30分

【連立方程式の利用①】

よく出る

❶ 1個50円のガムと1個80円のガムを合わせて11個買ったら，代金は700円でした。
50円のガムと80円のガムをそれぞれ何個ずつ買いましたか。

(50円のガム　　　　，80円のガム　　　　)

【連立方程式の利用②】

❷ パン4個とジュース2本の代金は560円で，このパン5個とジュース5本の代金は1000円です。
パン1個とジュース1本の値段はそれぞれ何円ですか。

(パン1個　　　　，ジュース1本　　　　)

【連立方程式の利用③】

❸ 2けたの自然数があります。十の位の数と一の位の数の和が14で，十の位の数と一の位の数を入れかえた数は，もとの数よりも18小さくなります。
このとき，この2けたの自然数を求めなさい。

(　　　　)

【連立方程式の利用④】

❹ 2種類のAとBのおもりがあります。A5個とB4個の重さは合わせて550 g，A3個とB5個の重さは合わせて460 gです。A1個，B1個のおもりの重さをそれぞれ求めなさい。

(A1個　　　　，B1個　　　　)

ヒント

❶
1個50円のガムをx個，80円のガムをy個として，ガムの個数の関係と，代金の関係を式に表す。

ミスに注意
答えを求めたら，それが問題に適しているかを必ず調べる。

❷
パン1個の値段をx円，ジュース1本の値段をy円として連立方程式をつくる。

❸
もとの自然数の十の位の数をx，一の位の数をyとすると，もとの自然数は$10x+y$と表せる。

❹
A1個の重さをx g，B1個の重さをy gとして，連立方程式をつくる。

[解答▶p.8]

【連立方程式の利用⑤】

5 □ 峠をはさんで14 km離れたA，Bの2つの市があります。KさんはA市からB市に行くのに，A市から峠までは時速3 kmの速さで，峠からB市までは時速4 kmの速さで歩きました。ちょうど4時間かかってB市に着きました。

A市から峠まで，峠からB市までそれぞれ何kmありますか。

（A市から峠　　　　，峠からB市　　　　）

【連立方程式の利用⑥】

6 **ある中学校の昨年の生徒数は，男女合わせて465人でした。今年は昨年に比べて，男子が5％減り，女子が8％増えたので，全体で6人増えました。この中学校の今年の男女の生徒数を次の手順にそって求めなさい。**

□(1) この学校の昨年の男子の生徒数をx人，女子の生徒数をy人とするとき，連立方程式をつくりなさい。

（　　　　　　），（　　　　　　）

□(2) (1)の連立方程式を解いて，昨年の男女の生徒数を求めなさい。

（男子　　　　，女子　　　　）

□(3) 今年の男女の生徒数を求めなさい。

（男子　　　　，女子　　　　）

【連立方程式の利用⑦】

7 □ ある中学校の昨年の生徒数は665人でした。今年は昨年に比べて男子が4％，女子が5％増えたので，全体で30人増えました。

今年の男子および女子の生徒数はそれぞれ何人でしたか。

（男子　　　　，女子　　　　）

【連立方程式の利用⑧】

8 □ 姉が所持金の90％を，妹が所持金の80％をそれぞれ出し合って，7700円の買い物をしました。その結果2人の残りの所持金を比べたら，妹の方が300円多くなっていました。

2人の最初の所持金の額をそれぞれ求めなさい。

（姉　　　　，妹　　　　）

ヒント

5
道のりの関係とかかった時間の関係から連立方程式をつくる。

テスト得ダネ
速さ，道のり，時間に関する問題は，問題文の内容を図に表すと数量の関係がとらえやすい。

6
これまで求めるものを直接xとして求めてきたが，求めるもの以外をxとした方が求めやすい例をここで学習する。
生徒数は昨年の生徒数が基準になっているので，まず昨年の生徒数を求め，その後に問われている今年の生徒数を求める。

7
昨年の男子をx人，女子をy人として式をつくる。
4％増は1.04として，5％増は1.05として考える。
あるいは分数で表してもよい。

ミスに注意
求めた解が問題の答えになるとは限らないので注意しよう。

8
姉の所持金をx円とすると，
使った金額は$\frac{90}{100}x$(円)と表せる。
残りの所持金は$\frac{10}{100}x$(円)と表せる。

Step 3 予想テスト 2 章 連立方程式

30分

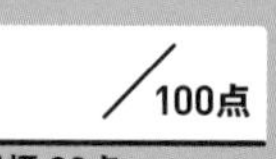
／100点
目標 80点

1 次の㋐，㋑で，$x=-2$，$y=5$ が解である連立方程式はどちらですか。知　10 点

□

㋐ $\begin{cases} 4x+y=15 \\ x-2y=-1 \end{cases}$　　㋑ $\begin{cases} x+y=3 \\ 3x+y=-1 \end{cases}$

2 次の連立方程式を解きなさい。知　20 点(各 5 点)

□(1) $\begin{cases} 3x+4y=18 \\ 3x-2y=-6 \end{cases}$　　□(2) $\begin{cases} 4x-5y=6 \\ -7x+2y=3 \end{cases}$

□(3) $\begin{cases} y=2x-3 \\ 4x-3y=5 \end{cases}$　　□(4) $\begin{cases} 3x-2y=4 \\ x+y=3 \end{cases}$

3 次の連立方程式や方程式を解きなさい。知　30 点(各 6 点)

□(1) $\begin{cases} 2(x-y)+4y=38 \\ 5y-33=2x-1 \end{cases}$　　□(2) $\begin{cases} 4x+3(x+2y)=11 \\ 2(2x+y)-3x=5 \end{cases}$

□(3) $\begin{cases} 0.2x+0.7y=1.1 \\ 0.6x-0.1y=-3.3 \end{cases}$　　□(4) $\begin{cases} \frac{2}{5}x+y=-4 \\ x-\frac{1}{4}y=12 \end{cases}$

□(5) $3(x+y)=x-4(y-x)=27$

4 連立方程式 $\begin{cases} ax+by=5 \\ ax-by=-1 \end{cases}$ の解が $x=2$，$y=-1$ であるとき，a，b の値を求めなさい。

□

知　10 点(各 5 点)

成績評価の観点　知…数量や図形などについての知識・技能　考…数学的な思考・判断・表現

5 ある中学校の昨年の生徒数は男女合わせて 500 人でした。今年は昨年に比べて男子が 4 % 増え，女子が 2 % 減ったので，全体で 502 人になりました。
今年の男子と女子の生徒数はそれぞれ何人ですか。知 考　10 点(各 5 点)

点UP **6** 2 けたの自然数があります。その自然数は，各位の数の和の 5 倍より 8 大きいそうです。
また，十の位と一の位の数を入れかえた数は，もとの数よりも 9 小さくなります。
もとの自然数を求めなさい。知 考　10 点

点UP **7** A 地点から B 地点までの道のりは 12 km です。A 地点を出発して B 地点に向かった人が，はじめ平地を時速 5 km の速さで走り，次に登り坂を時速 3 km の速さで歩いたら，合計 3 時間かかりました。
平地の部分の道のりと，登り坂の部分の道のりを求めなさい。知 考　10 点(各 5 点)

1		
2	(1)	(2)
	(3)	(4)
3	(1)	(2)
	(3)	(4)
	(5)	
4	$a=$　　　，$b=$	
5	男子…	女子…
6		
7	平地…	登り坂…

1 ／10点　2 ／20点　3 ／30点　4 ／10点　5 ／10点　6 ／10点　7 ／10点

[解答 ▶ p.10]

Step 1 基本チェック ① 1次関数

15分

教科書のたしかめ [ ]に入るものを答えよう！

❶ 1次関数

▶ 教 p.70-72 Step 2 ❶

解答欄

□(1) 次の式で，1次関数は[㋑]，[㋓]である。

㋐ $y=4\div x$　㋑ $y=3x$　㋒ $y=x^2+1$　㋓ $y=-2x+3$

(1) ／

□(2) 1本60円の鉛筆 x 本を，200円のケースに入れて買ったときの代金を y 円として，y を x の式で表すと，$y=$[$60x$]$+200$

1次関数 $y=ax+b$ で，$a=$[60]，$b=$[200]の場合である。

(2)

❷ 1次関数の値の変化

▶ 教 p.73-74 Step 2 ❷-❹

□(3) 1次関数 $y=-2x+3$ で，x の値が -1 から 2 まで増加したときの y の増加量は，$-1-$[5]$=$[-6]

(3) ／

□(4) 1次関数 $y=4x-3$ で，x の値が 1 から 3 まで増加するとき x の増加量は[2]，y の増加量は[8]で，変化の割合は[4]。

(4) ／

❸ 1次関数のグラフ

▶ 教 p.75-83 Step 2 ❺-❾

□(5) 1次関数 $y=ax+b$ のグラフは，$a>0$ のとき[右上がり]の直線，$a<0$ のとき[右下がり]の直線となる。

(5)

□(6) 直線 $y=4x-3$ の傾きは[4]，切片は[-3]。

(6) ／

□(7) 次の1次関数のグラフをかけ。

㋐ $y=4x-3$　㋑ $y=-2x+3$

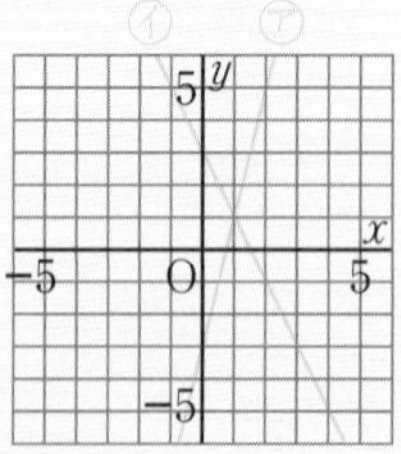

(7)

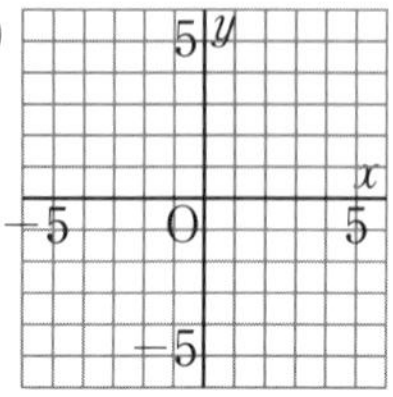

❹ 1次関数の式の求め方

▶ 教 p.84-86 Step 2 ❿⓫

□(8) 変化の割合が3で，点$(-1,\ 1)$を通る直線の式は，$y=$[3]$x+$[4]である。

(8) ／

教科書のまとめ ＿＿に入るものを答えよう！

□ y が x の関数で，y が x の1次式で表されるとき，y は x の 1次関数 であるという。

一般に，1次関数は，$y=$ $ax+b$ (a，b は定数)で表される。

□ **1次関数の値の変化**…1次関数 $y=ax+b$ の変化の割合は一定で，x の係数 a に等しい。

$$(変化の割合)=\frac{(\ y\ の増加量\ )}{(\ x\ の増加量\ )}=a$$

□ **1次関数のグラフ**…1次関数 $y=ax+b$ のグラフは 傾き が a，切片 が b の 直線 である。

□ **1次関数の式の求め方**…求める1次関数を $y=ax+b$ とおいて，条件より傾き a，切片 b を求める。または2点の x，y の値から a，b を求める。

Step 2 予想問題 1 1 次関数

1ページ 30分

【1 次関数】

1 次の㋐～㋓について，y を x の式で表しなさい。また，y が x の 1 次関数であるのはどれですか。

㋐ 分速 60 m の速さで x 分間歩いた時の道のり y m
( )

㋑ 1 辺が x cm の正方形の面積が y cm^2 ( )

㋒ 縦 x cm，横 y cm の長方形の面積が 24 cm^2 ( )

㋓ 200 ページの本を，x ページ読んだときの残り y ページ
( )

1 次関数であるのは ( )

【1 次関数の値の変化①】

2 次の 1 次関数で，x の値が -2 から 3 まで増加するときの y の増加量を求めなさい。

□(1) $y=3x-1$ □(2) $y=\frac{1}{2}x+4$ □(3) $y=-x-4$

( ) ( ) ( )

【1 次関数の値の変化②】

3 次の 1 次関数の変化の割合を答えなさい。

□(1) $y=-3x+5$ □(2) $y=\frac{1}{3}x+\frac{1}{2}$ □(3) $y=4x-2$

( ) ( ) ( )

【1 次関数の値の変化③】

よく出る

4 1 次関数 $y=\frac{2}{3}x-\frac{1}{3}$ について，次の問いに答えなさい。

□(1) x の値が -3 から 6 まで増加するとき，変化の割合を求めなさい。
( )

□(2) x の増加量が 9 のとき，y の増加量を求めなさい。
( )

□(3) y の増加量が -12 のとき，x の増加量を求めなさい。
( )

ヒント

1
$y=ax+b$ の形になるかを調べる。

ミスに注意
$y=ax$ は，$y=ax+b$ で，$b=0$ の場合だから，1 次関数となる。また，$y=200-x$ は，$y=-x+200$ と変形できるから，1 次関数となることに注意する。

2
$x=-2$，$x=3$ を代入して，y の値を求める。
(y の増加量)＝($x=3$ のときの y の値)－($x=-2$ のときの y の値)
である。

3
$y=ax+b$ で，a が変化の割合となる。

4
(1) $y=ax+b$ の変化の割合は a で一定である。
(2)(3)
$\frac{(y\text{の増加量})}{(x\text{の増加量})}=\frac{2}{3}$
から考える。

[解答▶p.11]

【1 次関数のグラフ①】

5 1 次関数 $y=3x-2$ について，次の問いに答えなさい。

□(1) x の値に対応する y の値について，下の表を完成させなさい。

x	…	-3	-2	-1	0	1	2	3	…
y	…				-2				…

□(2) 比例 $y=3x$ のグラフをかきなさい。
また，1 次関数 $y=3x-2$ のグラフをかきなさい。

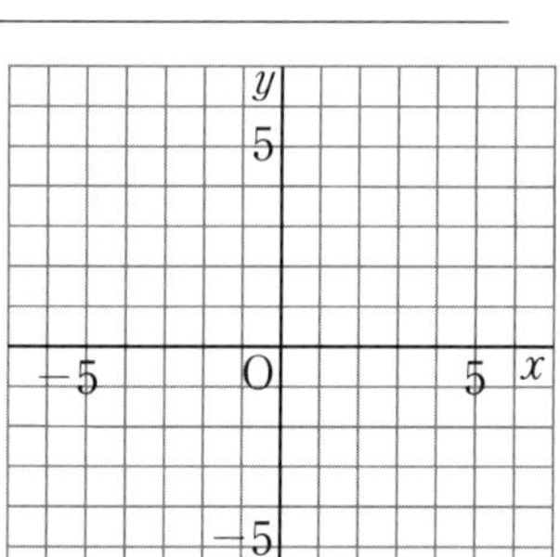

□(3) 次の □ にあてはまる数やことばを書きなさい。
「1 次関数 $y=3x-2$ のグラフは，比例 $y=3x$ のグラフを y 軸の負の方向に □ だけ □ 移動したもの。」

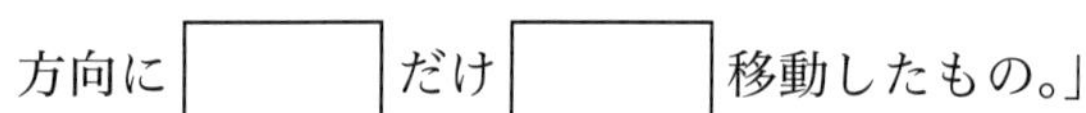

【1 次関数のグラフ②】

6 次の直線の傾きと切片を答えなさい。

□(1) $y=3x-1$

傾き（　　　　）

切片（　　　　）

□(2) $y=-\frac{4}{3}x$

傾き（　　　　）

切片（　　　　）

【1 次関数のグラフのかき方①】

7 1 次関数 $y=2x+2$ のグラフをかきます。次の □ にあてはまる数を書き，かき方にしたがってグラフをかきなさい。

□(1) y 軸上の点 $(0,$ ㋐ $)$ を通る。
また，傾きは ㋑ だから，
点 $(0,$ ㋐ $)$ から右へ 1，上へ 2 だけ進んだ点 $($ ㋒ $,$ ㋓ $)$ を通る。
この 2 点を結ぶ直線をかく。

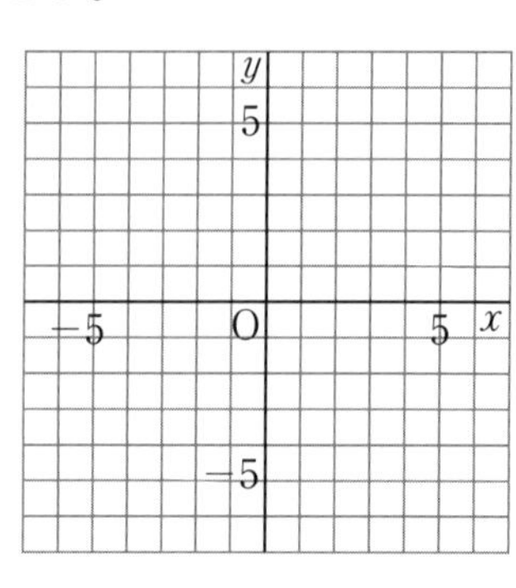

□(2) $x=0$ のとき，$y=$ ㋐
$y=0$ のとき，$x=$ ㋑
2 点 $(0,$ ㋐ $)$，$($ ㋑ $,\ 0)$ を通る直線をかく。

ヒント

5
(2)それぞれを座標とする点を線で結ぶと直線のグラフになる。
このように，1 次関数のグラフは直線となることがわかる。

6
$y=ax+b$ では，a が傾き，b が切片である。
(2) $y=-\frac{4}{3}x+0$ と同じ式である。

ミスに注意
傾きと切片を逆にしないようにする。

7
1 次関数のグラフは直線であり，直線は 2 点で決まる。
(1) 2 点のうち切片の座標と，他の 1 点は傾きを利用して求められる。
(2) 2 点を決めることによって，その点を結んだ直線をかけばよい。

テスト得ダネ
座標は，整数となるようにすると，かきやすい。

[解答▶p.11]

【1次関数のグラフのかき方②】

8 次の1次関数のグラフをかきなさい。

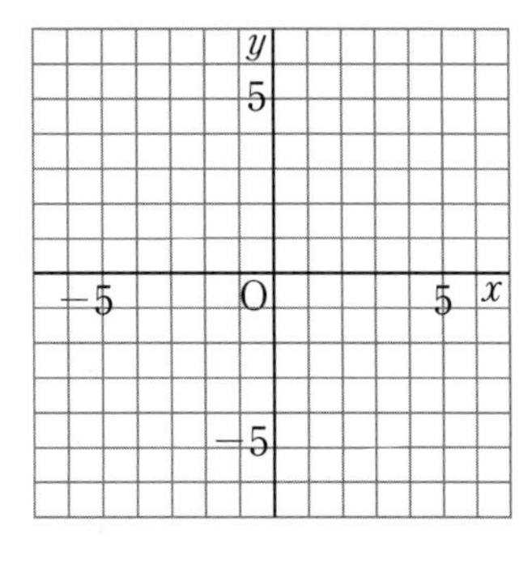

□(1) $y=2x-3$

□(2) $y=-2x+3$

□(3) $y=\dfrac{1}{2}x+2$

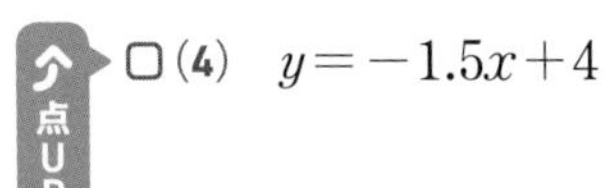

□(4) $y=-1.5x+4$

【1次関数のグラフと変域】

9 x の変域が $-4\leqq x\leqq 4$ のとき，次の1次関数のグラフをかき，それぞれの y の変域を求めなさい。

□(1) $y=x-2$ (　　　　　　)

□(2) $y=-\dfrac{1}{2}x+4$ (　　　　　　)

□(3) $y=\dfrac{3}{4}x-3$ (　　　　　　)

【1次関数の式の求め方①】

10 右の図の直線になる1次関数の式を求めなさい。

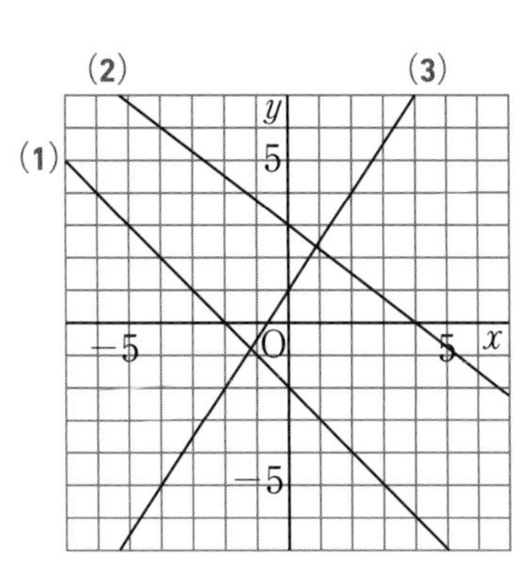

□(1) (　　　　　　)

□(2) (　　　　　　)

□(3) (　　　　　　)

【1次関数の式の求め方②】

11 次の直線の式を求めなさい。

□(1) 点 $(-2,\ 5)$ を通り，傾きが $-\dfrac{3}{2}$ の直線 (　　　　　　)

□(2) 変化の割合が2で，$x=1$ のとき $y=2$ を通る直線 (　　　　　　)

□(3) 2点 $(1,\ 4)$，$(3,\ 6)$ を通る直線 (　　　　　　)

□(4) 2点 $(-1,\ -4)$，$(2,\ 2)$ を通る直線 (　　　　　　)

ヒント

8
グラフは，次の2通りのかき方がある。
(ア)傾きと切片を求めてかく。
(イ)y が整数となるように x の値を2点選び，その座標の点を結ぶ。
(4)小数を分数になおした方がわかりやすい。

9
$x=-4$，$x=4$ のときの y の値を求める。

ミスに注意
●はグラフの線が端をふくむことを表し，○はグラフの線が端をふくまないことを表す。また，変域外の部分は破線で表すので注意しよう。

10
グラフから，傾きと切片を読みとる。

ミスに注意
右下がりの直線は傾きが負になる。

11
(3)(4)は，1次関数 $y=ax+b$ の式に与えられた値を代入して，a，b を求める。

Step 1 基本チェック ② 1次関数と方程式 ③ 1次関数の利用

15分

教科書のたしかめ　[ ]に入るものを答えよう！

② ❶ 2元1次方程式のグラフ

▶ 教 p.88-91　Step 2 ❶❷

解答欄

□(1) 2元1次方程式 $x-2y-3=0$ を y について解くと，

$y=\left[\frac{1}{2}x-\frac{3}{2}\right]$ となるから，y は x の[1次関数]である。

このグラフは，傾きが$\left[\frac{1}{2}\right]$で，切片が$\left[-\frac{3}{2}\right]$の直線となる。

□(2) 方程式 $y=3$ のグラフは，x がどのような値でも y の値が[3]であることを表しているから，[x]軸に[平行]な直線となる。

□(3) 方程式 $x=-2$ のグラフは，[y]軸に平行な直線となる。

② ❷ 連立方程式とグラフ

▶ 教 p.92-93　Step 2 ❸-❺

□(4) 連立方程式 $\begin{cases}2x+y=3\cdots\cdots①\\x-2y=4\cdots\cdots②\end{cases}$ を，グラフを使って解く。

①，②を y について解くと，

①は $y=[\ -2x+3\ ]$

②は $y=\left[\frac{1}{2}x-2\right]$

このグラフを右の図にかき，交点の座標を読むと，$x=[\ 2\ ]$，$y=[\ -1\ ]$

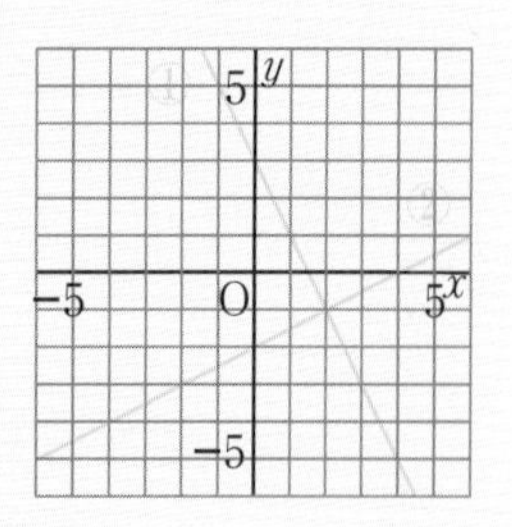

③ ❶ 1次関数の利用

▶ 教 p.95-98　Step 2 ❻-❽

□(5) 気温は，地上から10 kmまでは，1 km増えるごとに6 °Cずつ低くなる。地上の温度が20 °Cのとき，地上から x km上空の気温を y °Cとして式に表すと，$y=[\ 20-6x\ ]$

このときの x の変域は[$0\leqq x\leqq 10$]，

y の変域は[$-40\leqq y\leqq 20$]

(1)
(2)
(3)
(4)
(5)

教科書のまとめ　＿＿に入るものを答えよう！

□ 2元1次方程式のグラフ…2元1次方程式 $ax+by=c$ のグラフは 直線 である。

$a=0$ の場合は x 軸に平行で，$b=0$ の場合は y 軸に平行である。

□ 連立方程式の解とグラフ…連立方程式 $\begin{cases}ax+by=c\ \ \cdots\cdots①\\a'x+b'y=c'\cdots\cdots②\end{cases}$ の解は，①，②のグラフの 交点 の座標 $(x,\ y)$ で求められる。

Step 2 予想問題 [2] 1次関数と方程式 [3] 1次関数の利用

1ページ 30分

【2元1次方程式のグラフ①】

よく出る

1 次の方程式のグラフをかきなさい。

□(1) $x-3y=6$

□(2) $2x-y-1=0$

□(3) $3y=12$

□(4) $4x-2y+6=0$

□(5) $x+2y+2=0$

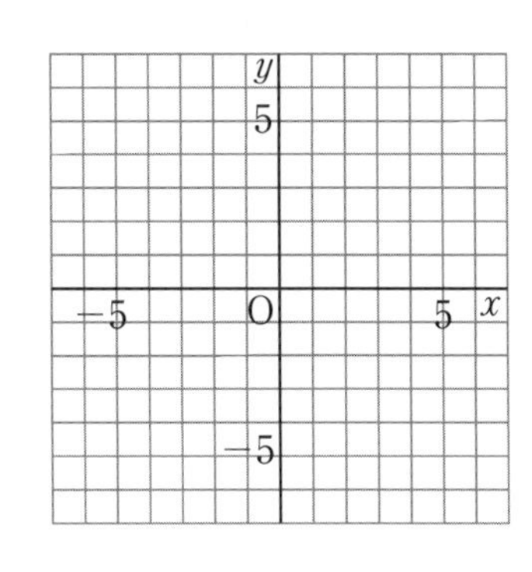

【2元1次方程式のグラフ②】

2 下の方程式で表されるグラフを，右の図から選び，記号で答えなさい。

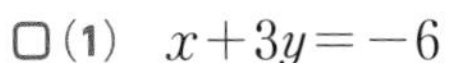

□(1) $x+3y=-6$ (　　　)

□(2) $3x-y-5=0$ (　　　)

□(3) $3x-2y=0$ (　　　)

□(4) $y=-3$ (　　　)

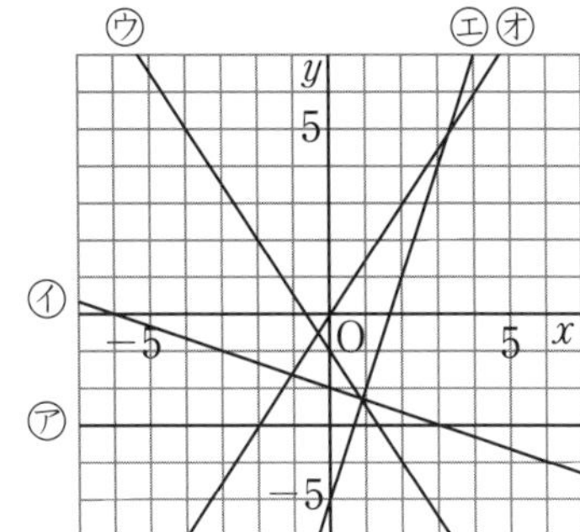

【連立方程式とグラフ①】

3 次の連立方程式の解を，グラフを利用して求めなさい。

□(1) $\begin{cases} 2x+y-4=0 \cdots\cdots ① \\ x+3y+3=0 \cdots\cdots ② \end{cases}$

□(2) $\begin{cases} 3x-y=-5 \cdots\cdots ① \\ x+2y=-4 \cdots\cdots ② \end{cases}$

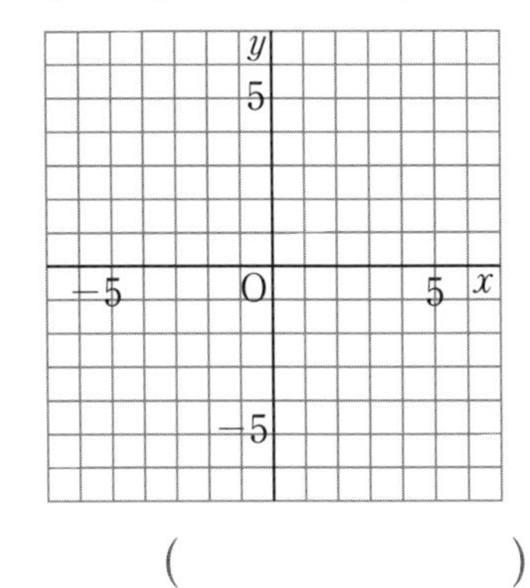

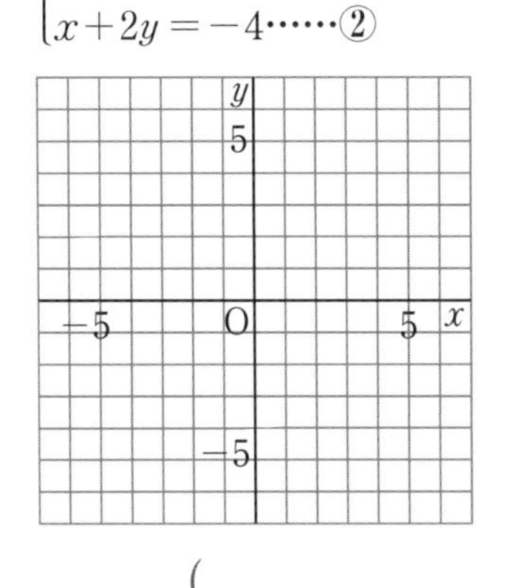

(　　　)　(　　　)

ヒント

1
$y=ax+b$ の形に変形し，傾きと切片を使ってグラフをかく。
または，グラフが通る2点を見つけてもよい。

2
(1)～(3)については，$y=$～の形に変形して考えればよい。
(4) $y=a$ のグラフは，x 軸に平行な直線である。

ミスに注意
移項するときには，符号を変えることを忘れないようにしよう。

3
2つのグラフの交点の座標が，連立方程式の解である。
グラフから交点の座標を求める場合は，座標が整数になることが多い。

[解答▶p.12]

【連立方程式とグラフ②】

4 連立方程式 $\begin{cases} x-y+1=0 & \cdots\cdots ① \\ 3x-y-3=0 & \cdots\cdots ② \end{cases}$ について，次の問いに答えなさい。

□(1) ①，②の方程式のグラフをかきなさい。

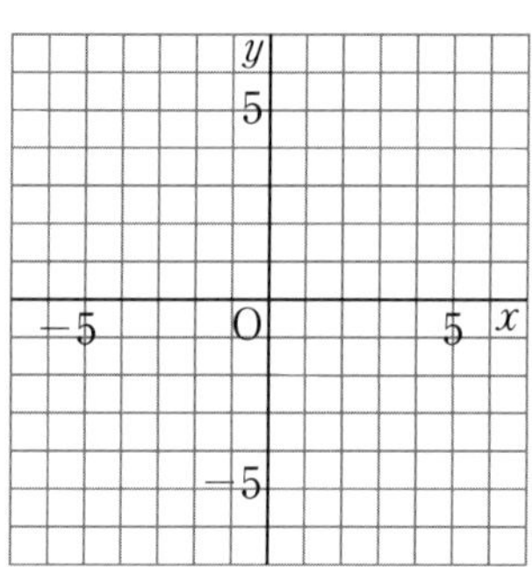

□(2) この連立方程式の解を，グラフから求めなさい。

(　　　　　　　　)

□(3) 連立方程式の解を計算で求めて，確かめなさい。

(　　　　　　　　)

【連立方程式とグラフ③】

よく出る

5 右の図の2直線 ℓ，m の交点の座標を，次の問いに答えて求めなさい。

□(1) 直線 ℓ の式を求めなさい。

(　　　　　　　　)

□(2) 直線 m の式を求めなさい。

(　　　　　　　　)

□(3) (1)，(2)で求めた式を連立方程式とみて解き，交点の座標を求めなさい。

(　　　　　　　　)

【1次関数の利用①】

6 ある人が，家から 10 km 離れた場所へ自転車で行きます。右の図は，家を出てから x 分後の残りの道のりを y km として，x，y の関係を表したものです。

□(1) x，y の関係を式に表しなさい。
また，x の変域も答えなさい。

(式…　　　　　　　，変域…　　　　　　)

□(2) 24分後には，残りの道のりは何 km ですか。

(　　　　　　　　)

ヒント

4
(1)①，②の式を変形すると，
$\begin{cases} y=x+1 & \cdots\cdots ① \\ y=3x-3 & \cdots\cdots ② \end{cases}$
傾きと切片を使ってグラフをかく。
(2) 2つのグラフの交点の座標が解となる。

5
グラフの交点の座標が整数の座標軸で交わっていない問題である。この場合はグラフを式に表して，連立方程式を計算で解いて求める。

ミスに注意
右下がりの直線は，傾きが負になることに注意しよう。

6
(1)グラフから傾きと切片を求める。
(2)(1)で求めた式に $x=24$ を代入すればよい。

テスト得ダネ
x のとる値に制限があるときは，変域を式に書いておく。

[解答▶p.12-13]

【1次関数の利用②】

点UP **7** 右の図の長方形ABCDで，点Pが点Cを出発して，辺上の点D，Aを通って点Bまで，秒速1cmで動きます。Pが点Cを出発して，x秒後の△BCPの面積をy cm²とします。

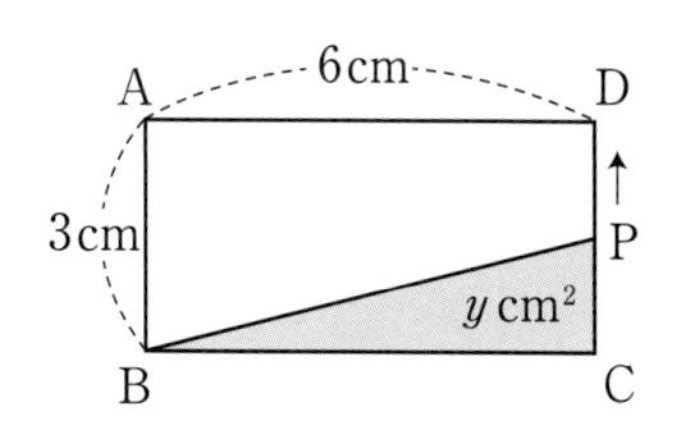

□(1) Pが次の辺を動いているとき，xの変域を求め，yをxの式で表しなさい。

① 辺CD上を動くとき

変域(　　　　　)

式　(　　　　　)

② 辺DA上を動くとき

変域(　　　　　)

式　(　　　　　)

③ 辺AB上を動くとき

変域(　　　　　)　　式　(　　　　　)

y(cm²)　10　5　O　5　10　x(秒)

□(2) △BCPの面積の変化のようすを，グラフにかきなさい。

□(3) △BCPの面積が6 cm²となるのは，Pが点Cを出発してから何秒後ですか。　(　　　　　)

【1次関数の利用③】

8 A地点から10 km離れたB地点まで走っているバスがあります。バスがA地点を出発してからの時間をx分，走った道のりをy kmとするとき，xとyの関係は，下のグラフのようになります。

□(1) xとyの関係を式で表しなさい。

(　　　　　)

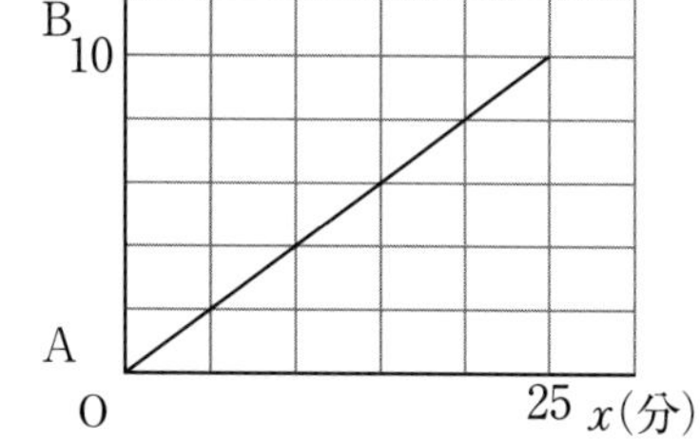

□(2) A地点からB地点までのバスの時速を求めなさい。

(　　　　　)

□(3) B地点からA地点へ時速30 kmの速さで帰ってくると，B地点を出発してから，何分でA地点に着きますか。

(　　　　　)

ヒント

7

三角形の面積
＝底辺×高さ÷2から，底辺が一定(6 cm)で高さが変わってくる。

(1)②△BCPは，高さも一定(3 cm)だから，xをふくまない式になる。

ミスに注意

点が動く問題は，変域に注意しよう。いくつかの変域があるときは，グラフが折れ線になる場合がある。

8

グラフの傾きは$\frac{(道のり)}{(時間)}$で，バスの速さを表す。

傾きの分数は，約分して簡単にしておく。

ミスに注意

7と**8**の問題は，長い文章でむずかしいと思われるが，よく読むと基本問題の組み合わせが多いので，あせらずに取り組むこと。

テスト得ダネ

時間と道のりのグラフはよく出題される。傾きが速さになる。

Step 3 予想テスト　3章 1次関数

30分　/100点　目標 80点

1 1次関数 $y=-3x-2$ について，次の問いに答えなさい。知　15点(各5点)

□(1) 切片を答えなさい。

□(2) 変化の割合を答えなさい。

□(3) x の増加量が4のときの y の増加量を求めなさい。

2 次の直線の式を求めなさい。知　15点(各5点)

□(1) 傾きが $\frac{2}{3}$ で，切片が -3 の直線

□(2) 点 $(-2,\ -3)$ を通り，傾きが $-\frac{1}{2}$ の直線

□(3) 2点 $(-3,\ -3)$，$(5,\ 7)$ を通る直線

3 次の1次関数や方程式のグラフをかきなさい。知　20点(各5点)

□(1) $y=4x+2$

□(2) $y=-\frac{2}{3}x-2$

□(3) $2x-3y=6$

□(4) $x=3$

4 右のグラフについて，次の問いに答えなさい。考　18点(各6点)

□(1) 直線 ℓ の式を求めなさい。

□(2) 直線 m の式を求めなさい。

□(3) (1)，(2)で求めた式を連立方程式として解き，2直線 ℓ，m の交点の座標を求めなさい。

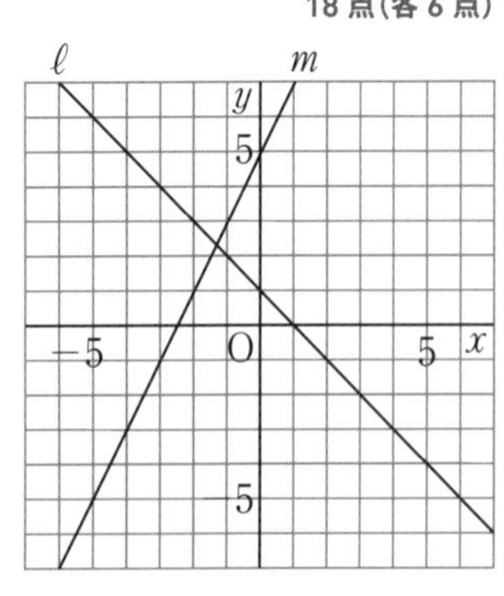

　成績評価の観点　知…数量や図形などについての知識・技能　考…数学的な思考・判断・表現

❺ 次の連立方程式の解を，グラフを利用して求めなさい。知 考　　12点(各6点)

□(1) $\begin{cases} -x+1=y \\ 2x+y=4 \end{cases}$

□(2) $\begin{cases} 3x-y-6=0 \\ x-2y-2=0 \end{cases}$

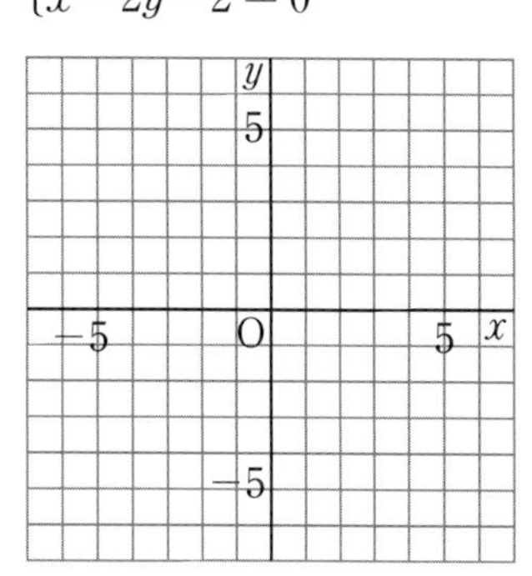

点UP **❻** 右の図は，Aさんが8時に家を出て12 km離れた駅まで自転車で行くときに，途中で駅から自動車で帰ってくる父とすれちがったようすを表しています。Aさんと父は8時から x 分後に，家から y kmの地点にいるものとします。

このとき，次の問いに答えなさい。知 考　　20点(各10点)

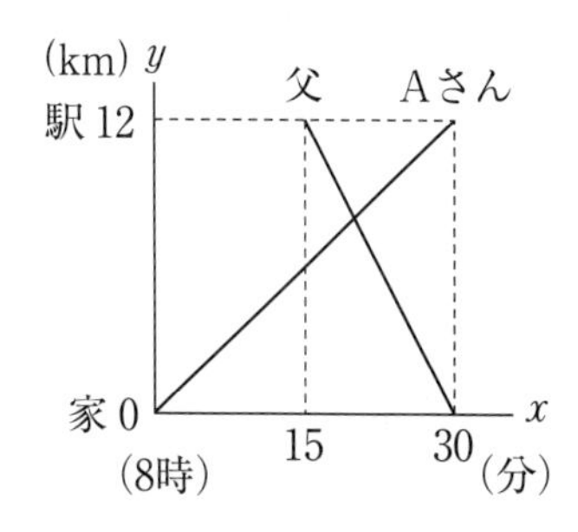

□(1) Aさんと父のそれぞれを，y を x の式で表しなさい。

□(2) Aさんは何時何分に家から何 kmの地点で，父とすれちがいますか。

❶	(1)	(2)	(3)
❷	(1)	(2)	(3)
❸	(1) (2) y 5 −5 O 5 x −5	(3) (4) y 5 −5 O 5 x −5	
❹	(1)	(2)	(3)
❺	(1)	(2)	
❻	(1) Aさん…	父…	
	(2)		

Step 1 基本チェック　1 平行線と角

15分

教科書のたしかめ　[ ]に入るものを答えよう！

1 直線と角　▶教 p.106-111　Step 2 ❶-❸

解答欄

□(1) 右の図で，
対頂角は，$\angle a$ と[$\angle c$]，$\angle h$ と[$\angle f$]
同位角は，$\angle a$ と[$\angle e$]，$\angle c$ と[$\angle g$]
錯角は，$\angle b$ と[$\angle h$]，$\angle c$ と[$\angle e$]

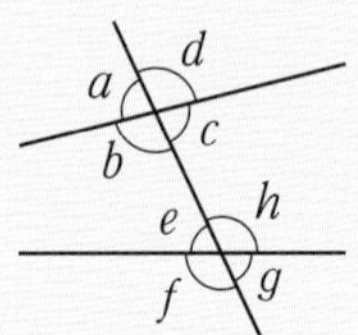

□(2) 右の図で，次の角の大きさを求めると，
$\angle x$＝[120°]，$\angle y$＝[60°]，
$\angle z$＝[120°]

60°　x　y　z

□(3) 右の図で，$\ell /\!/ m$ のとき，次の角の大きさを求めると，
$\angle x$＝[55°]，$\angle y$＝[55°]，$\angle z$＝[125°]

ℓ　m　55°　x　y　z

2 三角形の角　▶教 p.112-116　Step 2 ❹-❻

□(4) 右の図で，次の角の大きさを求めると，
$\angle x$＝[125°]，$\angle y$＝[55°]

55°　70°　x　30°　85°　y

□(5) 2つの内角の大きさが次のような三角形は，どんな三角形か。
㋐ 20°，50° ……[鈍角]三角形
㋑ 48°，42° ……[直角]三角形
㋒ 55°，65° ……[鋭角]三角形

3 多角形の内角と外角　▶教 p.117-121　Step 2 ❼❽

□(6) 八角形の，内角の和は[1080°]で，外角の和は[360°]。
□(7) 内角の和が 1800° である多角形は，[十二]角形である。

(1) ／ ／ ／
(2)
(3)
(4)
(5)㋐ ㋑ ㋒
(6)
(7)

教科書のまとめ　___に入るものを答えよう！

□ 2直線が交わってできる4つの角のうち，向かい合っている2つの角を 対頂角 という。
その向かい合った角の大きさは 等しい 。

□ **平行線と角**…平行な2直線に1つの直線が交わってできる同位角や錯角は等しい。2直線に1つの直線が交わってできる同位角や錯角が等しければ，その2直線は 平行 である。

□ **三角形の角**…三角形の3つの内角の和は 180° である。三角形の1つの外角は，それととなり合わない2つの 内角の和 に等しい。

□ **多角形の角**…n 角形の内角の和は $180^\circ\times(n-2)$ で，n 角形の外角の和は 360° である。

Step 2 予想問題 1 平行線と角

1ページ 30分

【直線と角】

1 右の図のように，3直線 ℓ，m，n が1点で交わっているとき，次の角の大きさを求めなさい。

□(1) $\angle x$ （　　　　）

□(2) $\angle y$ （　　　　）

□(3) $\angle x+\angle y+\angle z$ （　　　　）

【平行線と角①】

よく出る

2 下の図で $\ell /\!/ m$ のとき，$\angle x$ の大きさを求めなさい。

□(1)

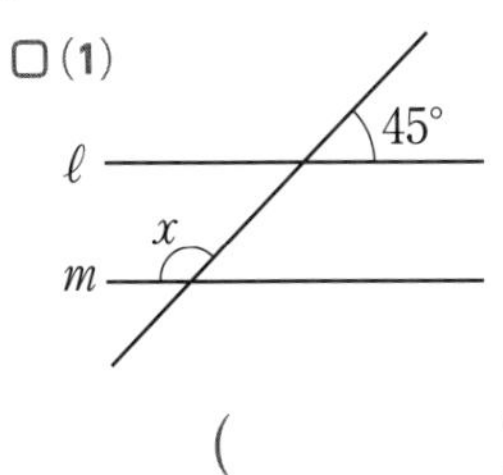

□(2)

□(3)

（　　　　）　（　　　　）　（　　　　）

【平行線と角②】

3 下の図で $\ell /\!/ m$ のとき，$\angle x$，$\angle y$ の大きさを求めなさい。

□(1)

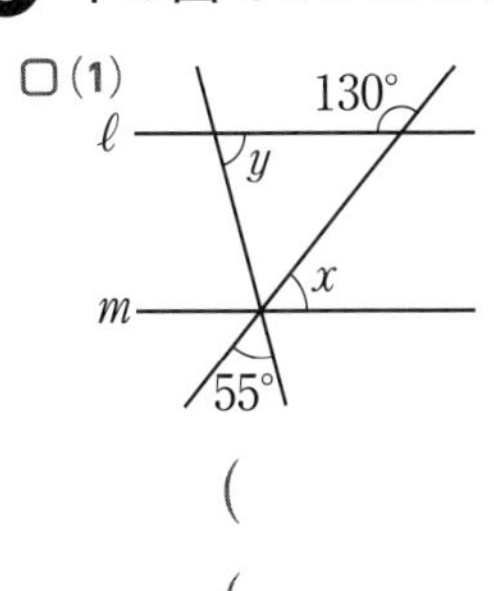

□(2)

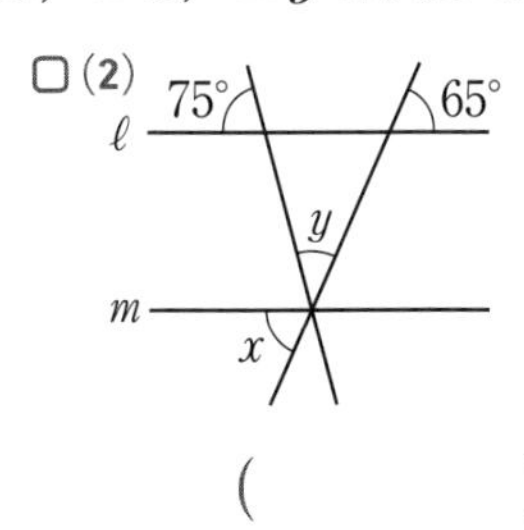

□(3)

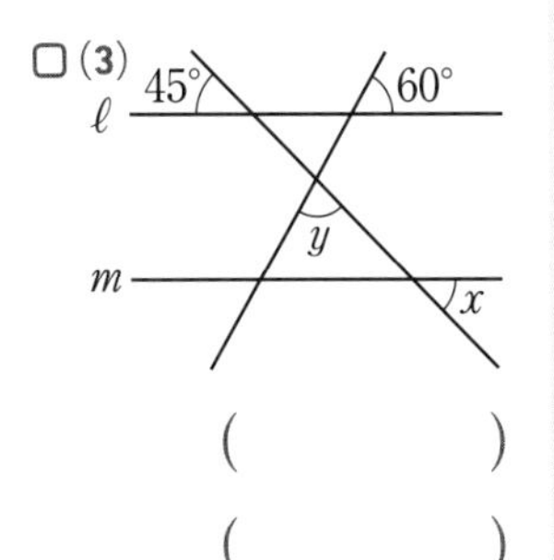

（　　　　）　（　　　　）　（　　　　）

（　　　　）　（　　　　）　（　　　　）

【三角形の角①】

4 下の図で，$\angle x$ の大きさを求めなさい。

□(1)

□(2)

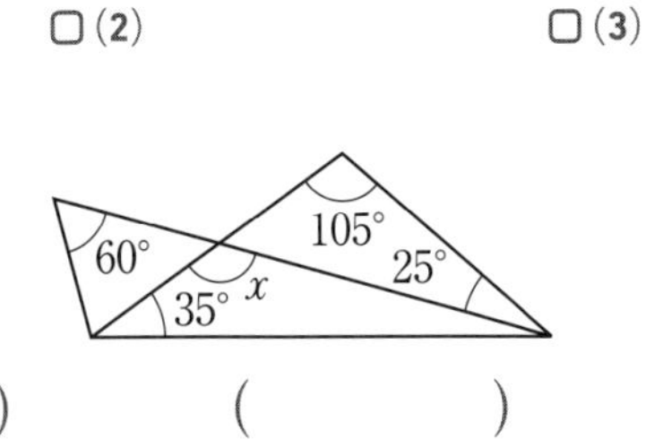

□(3)

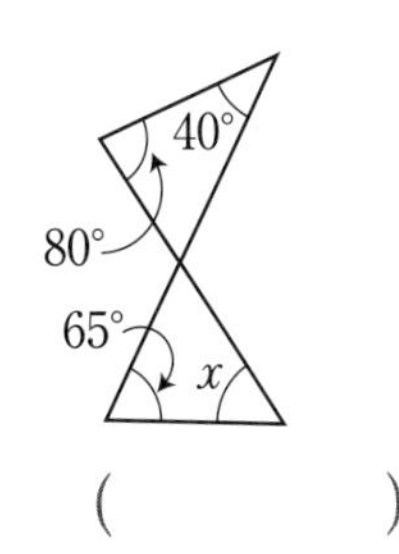

（　　　　）　（　　　　）　（　　　　）

ヒント

1
向かい合う角が対頂角であるから，どの角とどの角が対頂角かを見つける。
また，一直線の角の大きさは180°である。

2
(1)(3)同位角を利用して，一直線の角から考える。
(2)対頂角を利用して，同位角から考える。

ミスに注意
図に一直線の角の大きさが書いていないが，180°であることを忘れないこと。

3
対頂角は等しい。また，平行線によってできる同位角や錯角を利用する。

4
三角形の内角の和は180°である。
また，三角形の1つの外角は，それととなり合わない2つの内角の和に等しい。

4章

【三角形の角②】

5 次の三角形で，$\angle x$ を求めて，その三角形が鋭角三角形，直角三角形，鈍角三角形かも答えなさい。

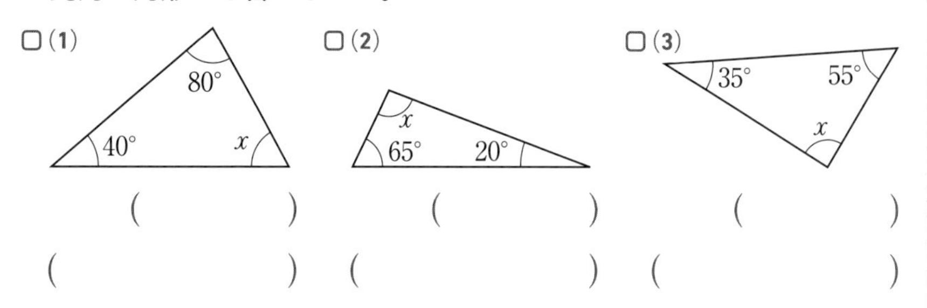

(1) (　　　)　(　　　　)

(2) (　　　)　(　　　　)

(3) (　　　)　(　　　　)

【平行線と三角形】

6 下の図で $\ell /\!/ m$ のとき，$\angle x$ の大きさを求めなさい。

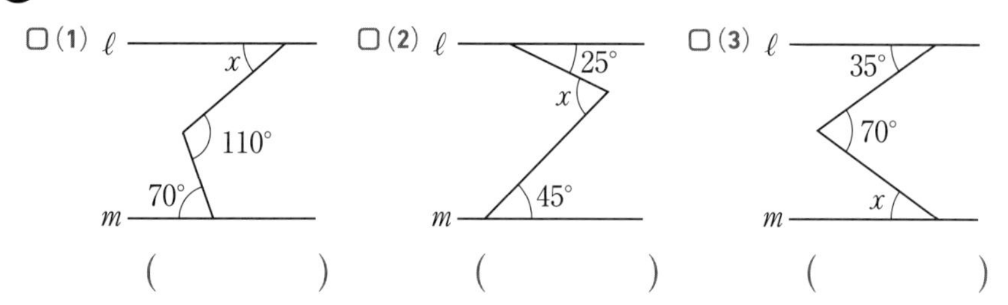

(1) (　　　)　(2) (　　　)　(3) (　　　)

【多角形の内角と外角①】

よく出る

7 次の問いに答えなさい。

□(1) 内角の和が 1440° である多角形は何角形ですか。

(　　　　)

□(2) 正八角形の 1 つの内角の大きさは何度ですか。

(　　　　)

□(3) 1 つの外角の大きさが 30° になる多角形は正何角形ですか。

(　　　　)

【多角形の内角と外角②】

8 下の図で，$\angle x$ の大きさを求めなさい。

□(1)

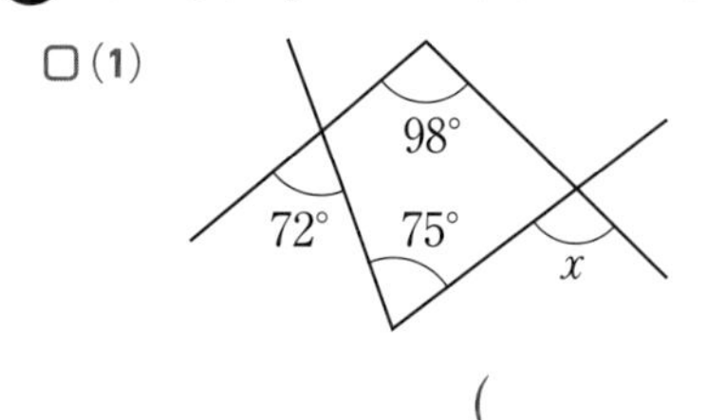

□(2)

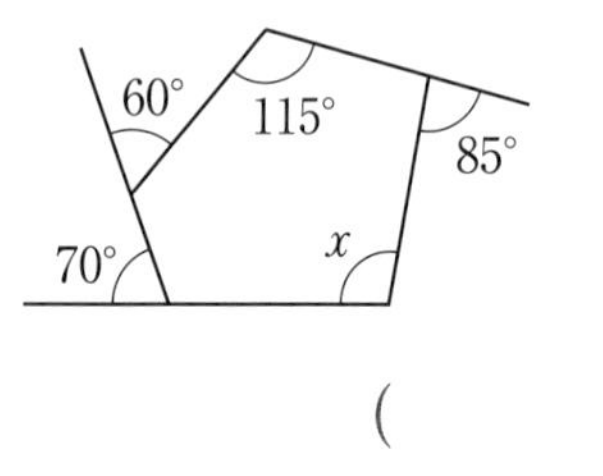

(1) (　　　)　(2) (　　　)

ヒント

5

$\angle x$ の大きさが 90° を基準にしてどの種類の三角形かを判断する。

テスト得ダネ

2 つの内角とも鋭角で出題されることが多い。残りの角が鈍角か直角かを調べればよい。

6

直線を 1 本かき加えて三角形をつくったり，折れ線の頂点を通り，直線 ℓ，m と平行な補助線をひいたりするとわかりやすい。

7

(1)(2)で，n 角形の内角の和は，

$180° \times (n-2)$

ミスに注意

n 角形の内角の和は，180° に n ではなく，$n-2$ をかけること。

8

(1)四角形の内角の和は 360° である。

(2)多角形の外角の和は 360° で，どんな多角形でも一定となる。

[解答▶p.15]

Step 1 基本チェック ② 三角形の合同 ③ 証明

教科書のたしかめ [ ]に入るものを答えよう！

② 三角形の合同 ▶ 教 p.122-127 Step 2 ❶-❸

□(1) 右の図で，△ABC≡△DEF であるとき，

① [AB]＝DE＝[4]cm

② ∠B＝[∠E]，[∠C]＝∠F

③ AC＝[DF]＝[3]cm

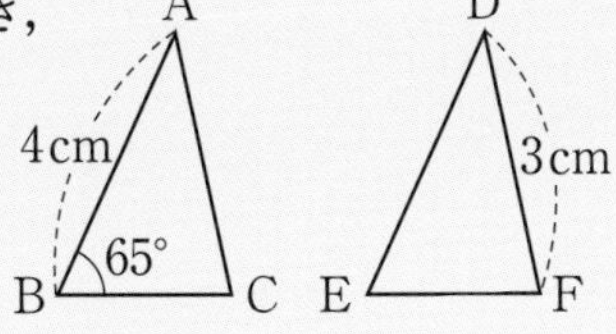

□(2) 右の図で，△ABC≡△DEF となるためには，

① AC＝DF，BC＝EF，[AB＝DE]
または ∠C＝[∠F]

② ∠A＝∠D，∠B＝∠E，[AB＝DE]

③ AB＝DE，∠A＝∠D，
[AC＝DF] または ∠B＝[∠E]

A D B C E F

③ 証明 ▶ 教 p.128-134 Step 2 ❹-❻

□(3) 「二等辺三角形の 2 つの底角は等しい」ということがらを，右の △ABC で説明すると，
仮定は，[AB＝AC]
結論は，[∠B＝∠C]

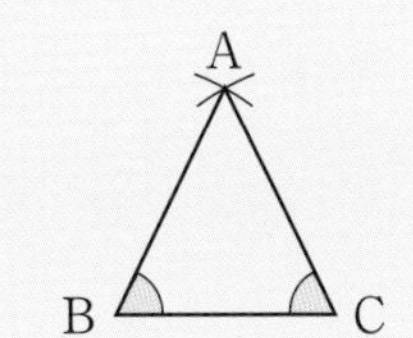

□(4) 「右の四角形 ABCD がひし形ならば，2 組の向かい合う角は等しい」をまとめると，
仮定は，AB＝[BC]＝[CD]＝[DA]
結論は，∠A＝[∠C]，[∠B]＝[∠D]

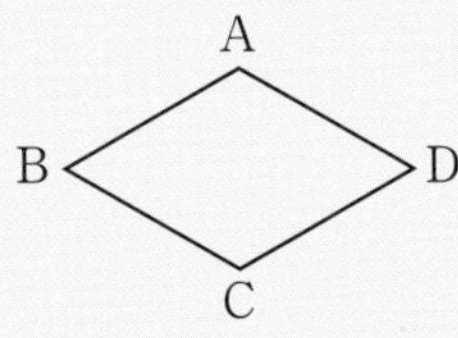

解答欄

(1)① ＿＿＿＿
② ＿＿＿＿
③ ＿＿＿＿
(2)① ＿＿＿＿
② ＿＿＿＿
③ ＿＿＿＿
(3) ＿＿＿＿
(4) ＿＿／＿＿

教科書のまとめ ＿＿に入るものを答えよう！

□ 合同な図形の性質…合同な図形では，対応する線分の長さはそれぞれ 等しい 。また，対応する角の大きさはそれぞれ 等しい 。

□ 三角形の合同条件 [1] 3 組の辺 がそれぞれ等しい。
[2] 2 組の辺と その間の角 がそれぞれ等しい。
[3] 1 組の辺と その両端の角 がそれぞれ等しい。

□ 正しいことがすでに認められたことがらを根拠にして，すじ道をたてて説明することを，証明 するという。「㋐ならば㋑である」ことがらで，㋐の部分を 仮定 ，㋑の部分を 結論 という。

Step 2 予想問題　2 三角形の合同　3 証明

1ページ 30分

【合同な図形】

1 右の図で，△ABC≡△DEF であるとき，次の問いに答えなさい。

□(1) 辺 AB に対応する辺はどれですか。

(　　　　　)

□(2) ∠B に対応する角はどれですか。

(　　　　　)

□(3) ∠D の大きさを求めなさい。

(　　　　　)

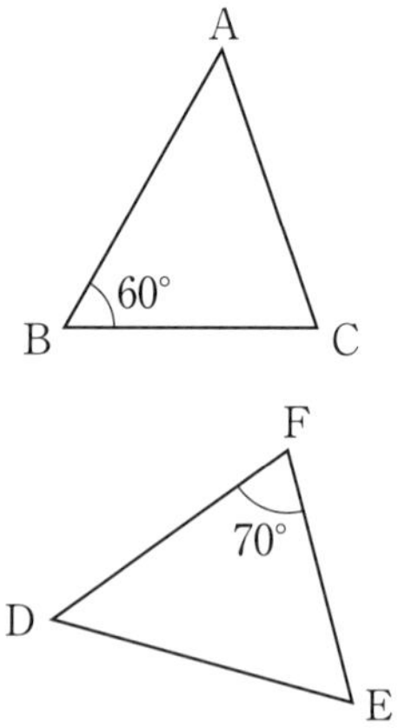

A B C 60°
F D E 70°

【三角形の合同条件①】

よく出る

2 下の図で，合同な三角形はどれですか。また，そのときに使った合同条件を答えなさい。

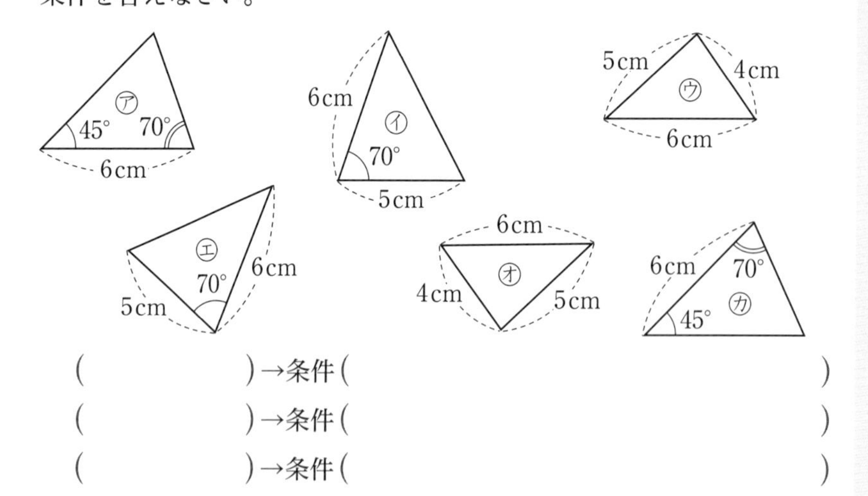

(　　　　)→条件(　　　　　　　　　　)
(　　　　)→条件(　　　　　　　　　　)
(　　　　)→条件(　　　　　　　　　　)

【三角形の合同条件②】

3 右の図で，△ABC と △DCE は正三角形です。次の問いに答えなさい。

□(1) 合同な三角形はどれですか。

(　　　　　　　　)

□(2) このとき使った合同条件は何ですか。

(　　　　　　　　　　　　)

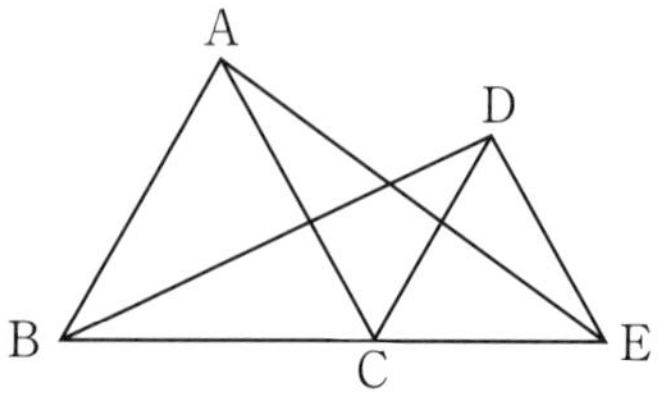

A D B C E

ヒント

1

(1)対応する辺の長さは等しいから，対応する辺を見つける。

(3)対応する角の大きさは等しいことを利用する。

ミスに注意
対応する辺は，対応する点の順に書く。辺 AB に対応する辺は，辺 ED ではなく，辺 DE とする。

2

三角形の合同条件をしっかり覚えておくこと。

3

正三角形は，3 辺の長さが等しい。
また，3 つの角の大きさは 60° で等しいことを利用する。

ミスに注意
合同な図形の頂点は対応する順に書くようにする。

[解答▶p.15-16]

【証明①】

よく出る

4 □ 右の図の四角形 ABCD で，AC は対角線です。
∠BAC＝∠DAC，∠BCA＝∠DCA ならば，
AB＝AD であることを証明しました。
次の□をうめて証明を完成させなさい。

［仮定］ ∠BAC＝㋐
∠BCA＝㋑

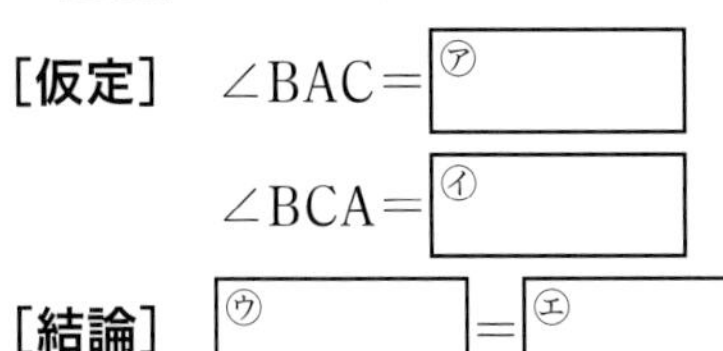

［結論］ ㋒ ＝ ㋓

［証明］ △ABC と △ADC において，
仮定から ∠BAC＝㋐ ……①
∠BCA＝㋑ ……②

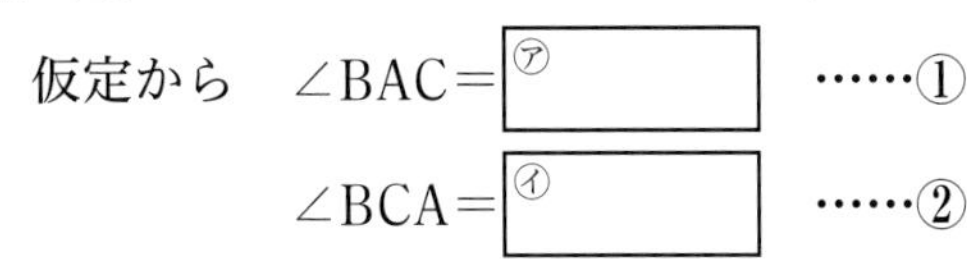

共通な辺であるから AC＝AC ……③
①，②，③より，
㋔ がそれぞれ等しいから
△ABC≡㋕
㋖ は等しいから AB＝㋗

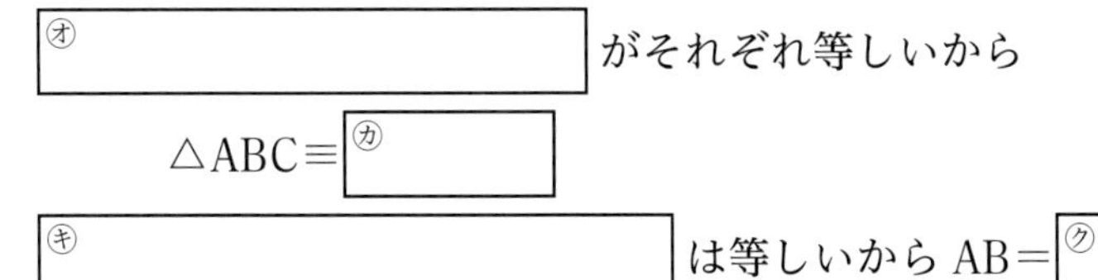

【証明②】

5 □ 右の図で，AB＝DC，AC＝DB のとき，
△ABC≡△DCB を証明しなさい。

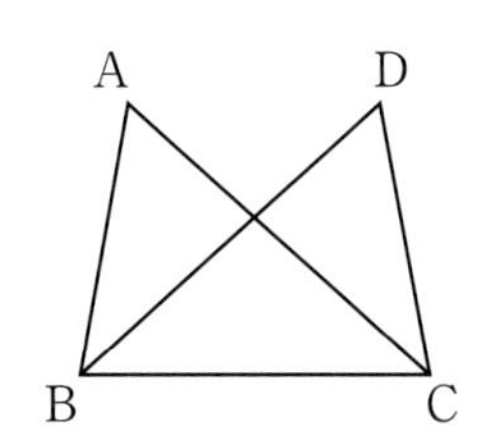

【証明③】

6 右の図で，OA＝OB，OC＝OD のとき，
次の問いに答えなさい。

□(1) △OAD と合同な三角形はどれですか。
また，それを証明しなさい。

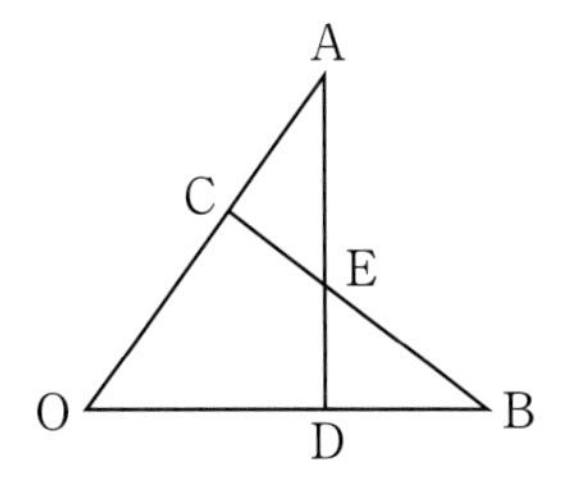

点UP

□(2) △ACE≡△BDE を証明しなさい。

ヒント

4
与えられてわかっていることが仮定で，導きだそうとしていることが結論である。
合同な三角形は対応する辺の長さが等しいことをまず考える。

テスト得ダネ
等しい辺や角の証明問題では，三角形の合同より証明することが多い。

5
辺 BC が共通であることに注意して，合同条件を考える。

6
(1)∠O が共通であることに注意して，合同条件を考える。
(2)は，(1)の 2 つの三角形が合同であることを使う。対応する角や辺が等しい。

4章

Step 3 予想テスト　4章 図形の性質と合同

30分　/100点　目標 80点

1 右の図を見て，次の問いに答えなさい。知　15点(各5点)

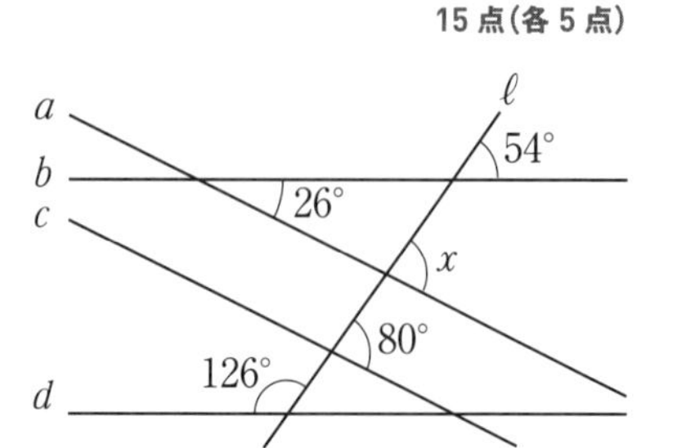

□(1) $\angle x$ の大きさは何度ですか。

□(2) 平行な直線はどれですか。すべて書きなさい。

□(3) 直線 b と直線 c が交わってできる角で，小さい方の角は何度ですか。

2 下の図で，$\angle x$，$\angle y$ の大きさを求めなさい。知 考　18点(各6点)

□(1) $\ell /\!/ m$

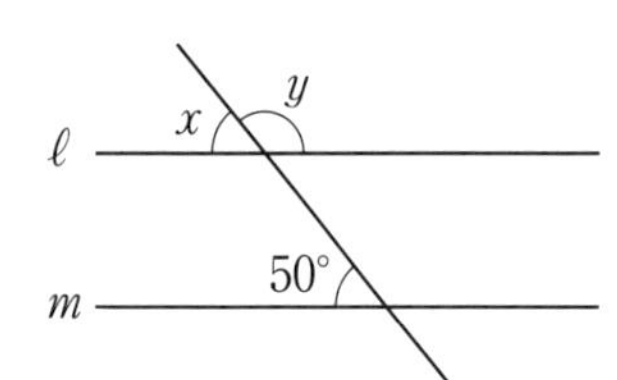

□(2) $\ell /\!/ m$

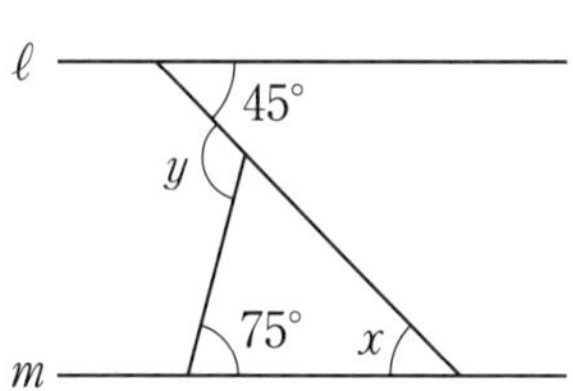

□(3)

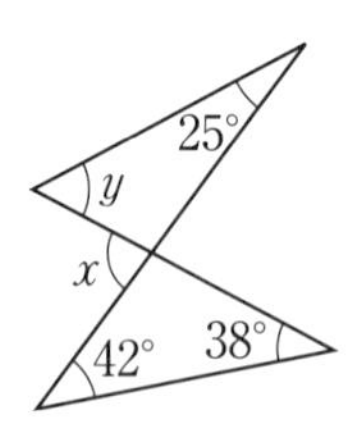

3 下の図で，$\angle x$ の大きさを求めなさい。知 考　10点(各5点)

□(1)

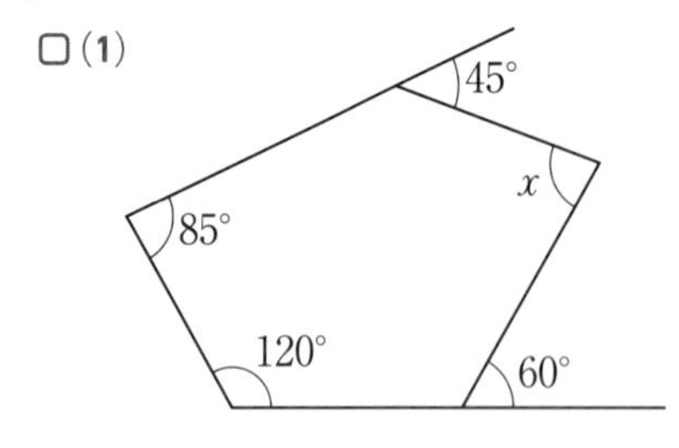

□(2)

35°
70°
x
60°
70°
40°

4 次の㋐～㋔の式で，右の図の △ABC≡△DEF になる条件といえるのはどれですか。
□ すべて記号で答えなさい。知　12点(完答)

㋐ AB＝DE，BC＝EF，CA＝FD

㋑ ∠A＝∠D，∠B＝∠E，∠C＝∠F

㋒ AB＝DE，AC＝DF，∠B＝∠E

㋓ BC＝EF，∠A＝∠D，∠B＝∠E

㋔ AB＝DE，BC＝EF，∠B＝∠E

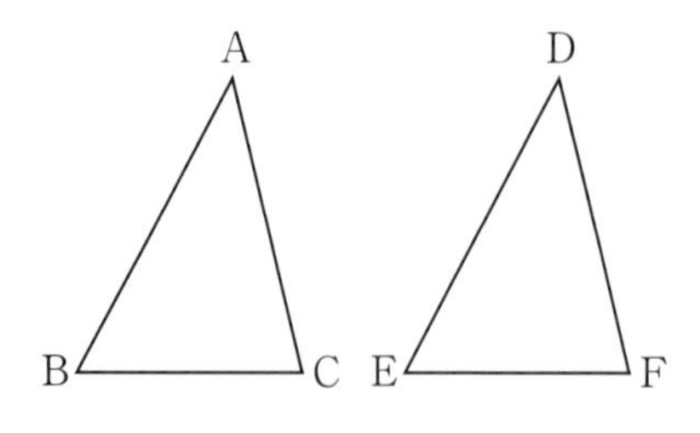

　成績評価の観点　知…数量や図形などについての知識・技能　考…数学的な思考・判断・表現

5 次の問いに答えなさい。知　　24点(各6点)

□(1)　十五角形の内角の和は何度ですか。

□(2)　内角の和が900°である多角形は何角形ですか。

□(3)　正十角形の1つの内角の大きさは何度ですか。

□(4)　1つの外角の大きさが45°になる多角形は正何角形ですか。

6 □ 右の図で，点Dは△ABCの頂点Aと頂点Cにおける外角の二等分線の交点です。
∠B＝50°のとき，∠ADCの大きさを求めなさい。知 考　　8点

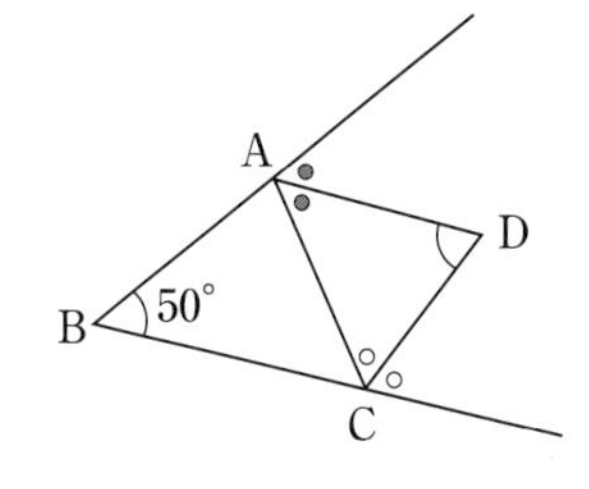

得点UP

7 □ 右の図の△ABCで，点Mは辺BCの中点で，AB∥EM，AC∥DMのとき，△DBM≡△EMCであることを証明しなさい。
知 考　13点

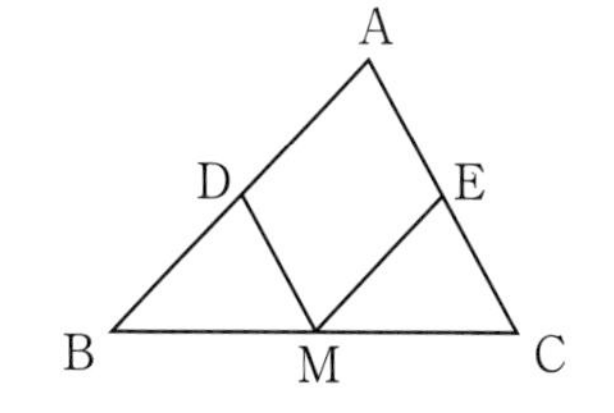

1	(1)	(2)	(3)
2	(1) ∠x＝　　，∠y＝	(2) ∠x＝　　，∠y＝	(3) ∠x＝　　，∠y＝
3	(1)	(2)	
4			
5	(1)	(2)	(3)	(4)
6			
7			

1 ／15点　**2** ／18点　**3** ／10点　**4** ／12点　**5** ／24点　**6** ／8点　**7** ／13点

［解答▶p.17］

Step 1 基本チェック ｜ 1 三角形

15分

教科書のたしかめ ［ ］に入るものを答えよう！

❶ 二等辺三角形
▶ 教 p.140-144 Step 2 ❶-❺

解答欄

□(1) 右の図のような AB＝AC の二等辺三角形で，∠A を［ 頂角 ］，∠B と ∠C を［ 底角 ］，辺 BC を［ 底辺 ］という。

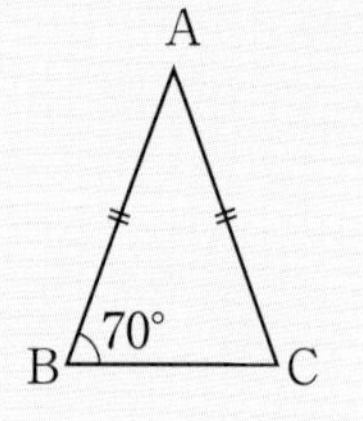

□(2) 右の図で，∠B＝70° のとき，∠C＝［ 70° ］，∠A＝［ 40° ］

❷ 正三角形
▶ 教 p.145 Step 2 ❻

□(3) 正三角形の内角は，すべて［ 60° ］である。

❸ 直角三角形
▶ 教 p.146-149 Step 2 ❼-❾

□(4) 右の図で，△ABC≡△DEF となるためには，
① AB＝DE，∠B＝［ ∠E ］または，
AB＝DE，∠A＝［ ∠D ］
② AB＝DE，BC＝［ EF ］，または，
AB＝DE，AC＝［ DF ］

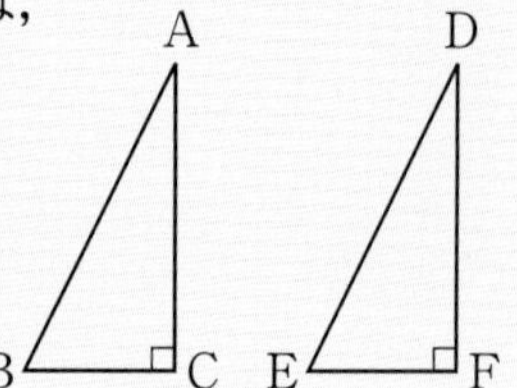

□(5) 右の図で，辺 AB や辺 DE を［ 斜辺 ］という。

❹ ことがらの逆と反例
▶ 教 p.150-151 Step 2 ❿

□(6) 定理「正三角形の 3 つの角は等しい」の逆は，［ 3 つの角 ］が等しい三角形は，［ 正三角形 ］である。
この逆は正し［ い ］。

□(7) 「$a>0$，$b>0$ ならば，$ab>0$ である」の逆は，［ $ab>0$ ］ならば，［ $a>0$，$b>0$ ］である。この逆は正し［ くない ］。
反例は，［ $a=-1$，$b=-2$ ］のとき $ab>0$。

(1)
(2) ／
(3)
(4)①
②
(5)
(6)
(7)

教科書のまとめ ＿＿に入るものを答えよう！

□ 二等辺三角形の 2 つの 底角 は 等しい 。
□ 二等辺三角形の頂角の二等分線は，底辺を 垂直 に 2 等分 する。
□ 2 つの角が等しい三角形は， 二等辺三角形 である。
□ 正三角形の 3 つ の角は 等しい 。
□ 直角三角形の合同条件 ［1］ 斜辺と 1 つの 鋭角 がそれぞれ等しい。
［2］ 斜辺と 他の 1 辺 がそれぞれ等しい。

Step 2 予想問題 1 三角形

1ページ 30分

【二等辺三角形の性質①】

よく出る

❶ 下の図で，$\angle x$ の大きさを求めなさい。

□(1)

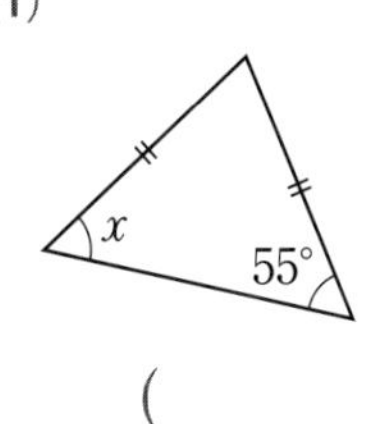

(　　　　)

□(2)

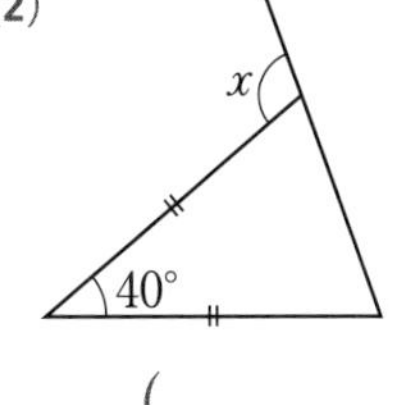

(　　　　)

□(3)

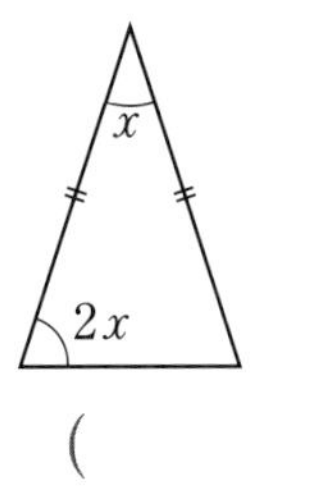

(　　　　)

【二等辺三角形の性質②】

❷ AB＝AC の二等辺三角形で，辺 AB，AC 上に BD＝CE となるような点 D，E をとり，それぞれ頂点 C，B と結びます。
このとき，△DBC≡△ECB であることを次の問いに答えて証明しなさい。

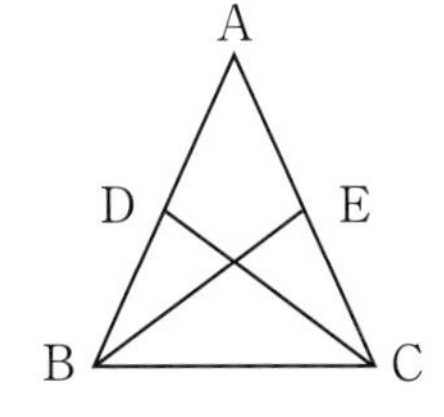

□(1) 仮定と結論を答えなさい。

仮定(　　　　　　　　)　結論(　　　　　　　　)

□(2) 次の□をうめて証明を完成させなさい。

［証明］△DBC と ㋐□ において，

仮定から　BD＝㋑□　……①

二等辺三角形の 2 つの ㋒□ は等しいから

㋓□＝∠ECB　……②

共通な辺であるから　BC＝㋔□　……③

①，②，③より，㋕□ がそれぞれ等しいから

△DBC≡△ECB

【二等辺三角形の性質③】

よく出る

❸ □ AB＝AC の二等辺三角形で，辺 AB，AC 上に点 D，E をとり，∠DCB＝∠EBC となるようにします。
このとき，CD＝BE となることを証明しなさい。

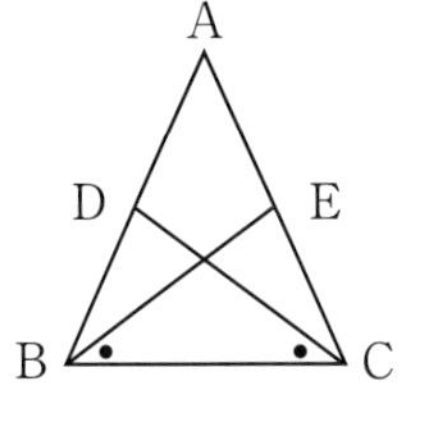

ヒント

❶ 二等辺三角形の 2 つの底角は等しい。どれが底角か見きわめること。

ミスに注意：図の辺で，同じ印をつけた辺の長さは等しいことを表している。

❷ △ABC は二等辺三角形なので，∠B＝∠C であることを考える。

テスト得ダネ：二等辺三角形の性質に関する問題は，よく出題される。定義と教科書に載っている定理は覚えておこう。

❸ 合同な三角形から，対応する辺が等しいことより証明していく。

5章

【二等辺三角形になるための条件①】

4 □ △ABC の ∠ABC，∠ACB の二等分線の交点を D とします。
DB＝DC ならば，△ABC は二等辺三角形であることを証明しなさい。

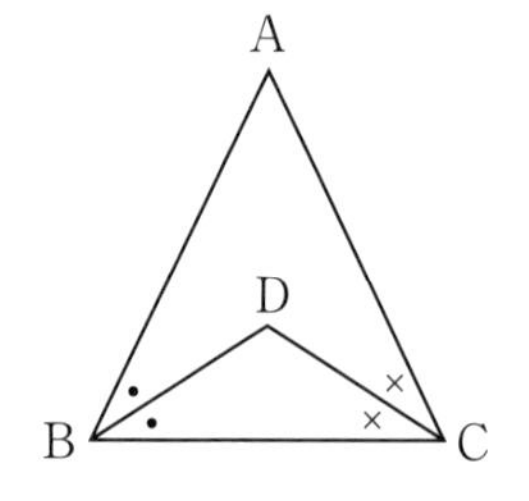

【二等辺三角形になるための条件②】

5 □ AB＝AC の二等辺三角形で，∠ACB の二等分線と辺 AB との交点を D とします。
∠BAC＝36° のとき，∠BDC の大きさを求めなさい。

(　　　　　　)

A
36°
D
B
C

【正三角形】

6 次の図において，△ABC は正三角形です。∠x の大きさを求めなさい。

□(1)

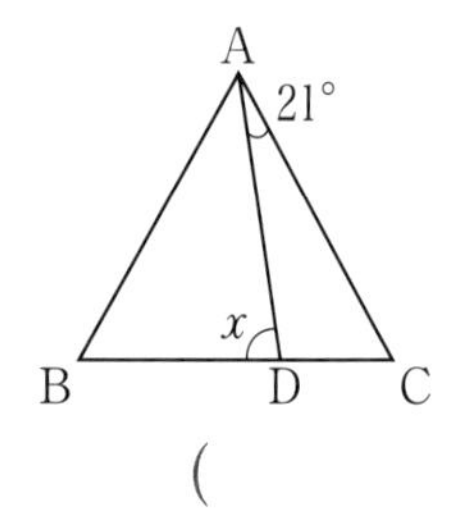

(　　　　　　)

□(2) $\ell \parallel m$

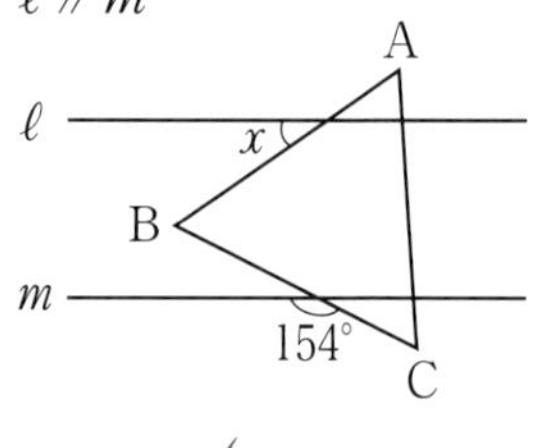

(　　　　　　)

【直角三角形の合同条件】

7 □ 下の図で，合同な三角形はどれですか。また，そのときに使った合同条件を答えなさい。

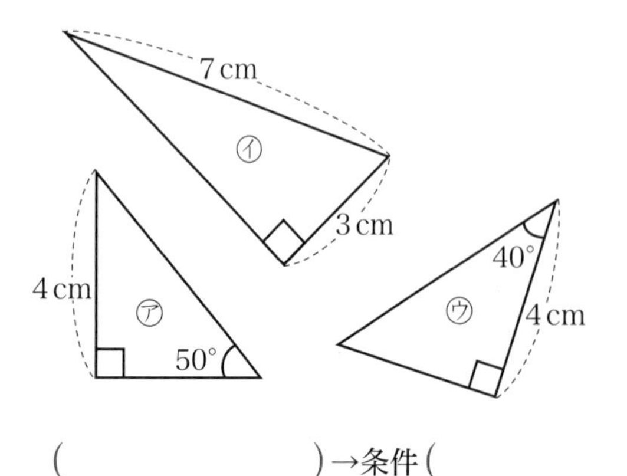

5 cm
㋓
65°
3 cm
㋕
7 cm
25°
㋔
5 cm

(　　　　　　)→条件(　　　　　　　　　　　　)
(　　　　　　)→条件(　　　　　　　　　　　　)
(　　　　　　)→条件(　　　　　　　　　　　　)

ヒント

4
2つの角が等しければ，その三角形は二等辺三角形である。

5
二等辺三角形の2つの底角は等しいことより，∠C の大きさを求める。∠BDC は △ADC における ∠ADC の外角と考える。

6
(2)正三角形の性質だけでなく，折れ線の頂点を通り，直線 ℓ，m と平行な補助線をひいて，錯角や同位角を利用して考える。

7
三角形の合同条件と直角三角形の合同条件をしっかり覚えておくこと。

ミスに注意
直角三角形の合同条件は，斜辺の長さが等しくないと使えないから気をつけよう。

[解答▶p.18-19]

【直角三角形の合同の利用①】

8 AB＝AC の二等辺三角形の頂点 A から底辺 BC に垂線をひき，交点を H とするとき，△ABH と △ACH が合同になることを，次の問いに答えて証明しなさい。

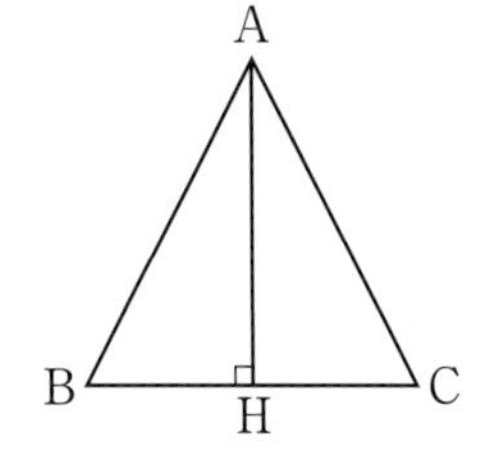

□(1) 仮定と結論を記号で表しなさい。

仮定（　　　　　　　　　　）　結論（　　　　　　　　　　）

□(2) △ABH≡△ACH であることを，次の□をうめて証明を完成させなさい。

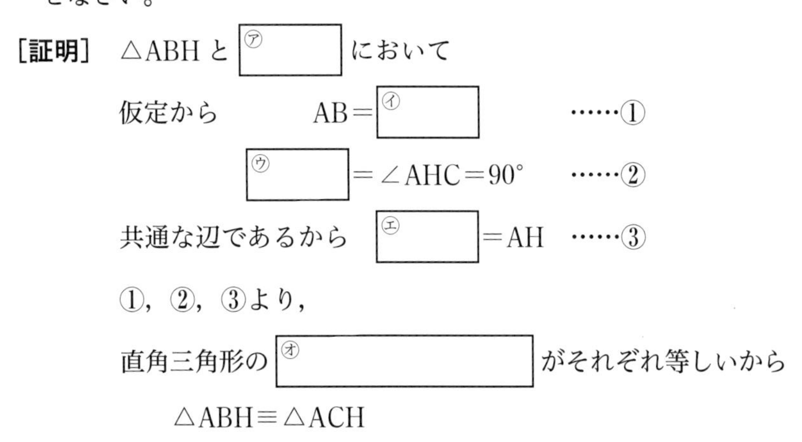

[証明]　△ABH と ㋐□ において

仮定から　AB＝㋑□　……①

㋒□＝∠AHC＝90°　……②

共通な辺であるから　㋓□＝AH　……③

①，②，③より，

直角三角形の ㋔□ がそれぞれ等しいから

△ABH≡△ACH

【直角三角形の合同の利用②】

よく出る

9 □ AB＝AC である △ABC の頂点 B，C から辺 AC，AB に垂線をひき，AC，AB との交点をそれぞれ D，E とします。
このとき，AD＝AE であることを証明しなさい。

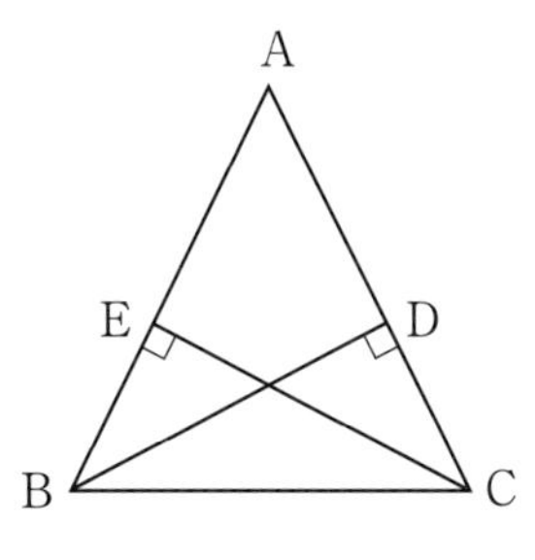

【ことがらの逆と反例】

10 次のことがらの逆を答えなさい。また，それが正しいかどうかも答えなさい。

□(1) a，b が偶数ならば，$a+b$ も偶数である。

逆（　　　　　　　　　　）（　　　　）

□(2) 合同な 2 つの三角形の面積は等しい。

逆（　　　　　　　　　　）（　　　　）

□(3) 2 つの三角形が合同ならば，対応する角は等しい。

逆（　　　　　　　　　　）（　　　　）

ヒント

8
垂線をひくことは，直角をつくることである。直角三角形の合同条件のうち，斜辺と他の 1 辺がそれぞれ等しいことに着目する。

9
△ABC は二等辺三角形である。

ミスに注意
直角三角形の合同条件では斜辺が等しいことが必要である。斜辺をまちがえないようにしよう。

10
仮定と結論に分けてから，仮定と結論を入れかえる。
逆が正しくないときは，反例を 1 つ考えればよい。

ミスに注意
あることがらが正しくても，その逆は正しいとは限らない。

5章

Step 1 基本チェック　2 四角形

15分

教科書のたしかめ　[ ]に入るものを答えよう！

1 平行四辺形

▶ 教 p.153-161　Step 2 1-6

解答欄

□(1)　右の ▱ABCD で，AD＝[BC]，AB＝[DC]
∠BAD＝[∠DCB]，∠ABC＝[∠CDA]
AO＝[CO]，BO＝[DO]

□(2)　右の ▱ABCD で，x＝[4]，y＝[3]
∠A＋∠B＝[180°]，∠z＝[120°]

□(3)　右の ▱ABCD で，辺 BC，DA の中点をそれぞれ M，N とするとき，四角形 AMCN が平行四辺形になることを次のように証明できる。

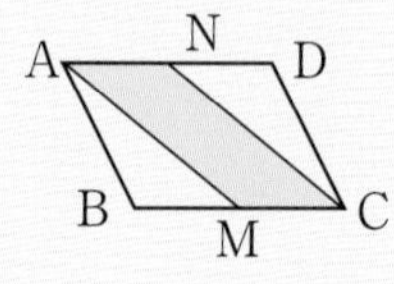

AN∥[CM]，AN＝[CM]
平行四辺形になるための条件…1 組の[対辺]が[平行]でその長さが等しいから，四角形 AMCN は平行四辺形である。

2 特別な平行四辺形

▶ 教 p.162-164　Step 2 7 8

□(4)　長方形の対角線の長さは[等しい]。

□(5)　ひし形の対角線は[垂直]に交わる。

□(6)　[正方形]の対角線は長さが等しく垂直に交わる。

3 面積が等しい三角形

▶ 教 p.165-166　Step 2 9 10

□(7)　右の台形 ABCD で，点 O は対角線の交点とすると，面積の等しい三角形は，

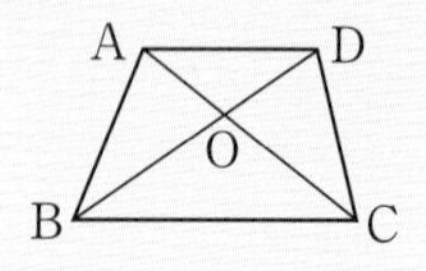

△ABC＝[△DCB]，
△ABD＝[△DCA]，△ABO＝[△DCO]

教科書のまとめ　＿＿に入るものを答えよう！

□ 四角形の向かい合う辺を 対辺，向かい合う角を 対角 という。

□ 平行四辺形の性質　[1]　平行四辺形の 2 組の 対辺 はそれぞれ等しい。
[2]　平行四辺形の 2 組の 対角 はそれぞれ等しい。
[3]　平行四辺形の 対角線 はそれぞれの 中点 で交わる。

□ 平行四辺形になるための条件は，上の[1]～[3]の他に，
[4]　2 組の対辺がそれぞれ 平行 である。(定義)
[5]　1 組の 対辺 が 平行 でその長さが 等しい 。

Step 2 予想問題 [2] 四角形

1ページ 30分

【平行四辺形の性質①】

よく出る

❶ 下の ▱ABCD で，それぞれの x の値を求めなさい。

□(1)　□(2)　□(3)

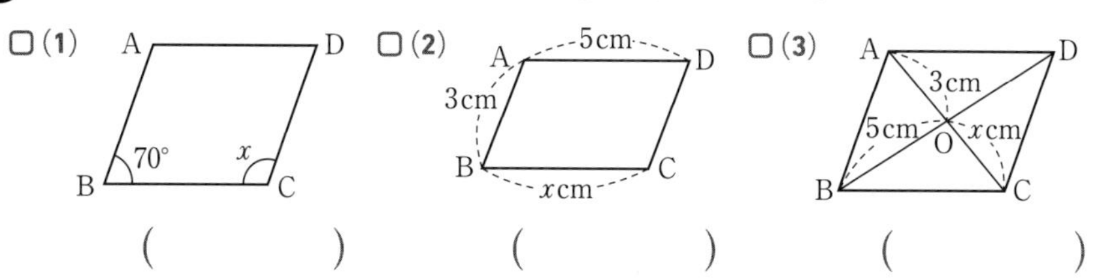

(　　　)　(　　　)　(　　　)

【平行四辺形の性質②】

❷ ▱ABCD の対角線 AC 上に，AE＝CF となる点 E，F をそれぞれとるとき，∠ABE＝∠CDF であることを次の問いに答えて証明しなさい。

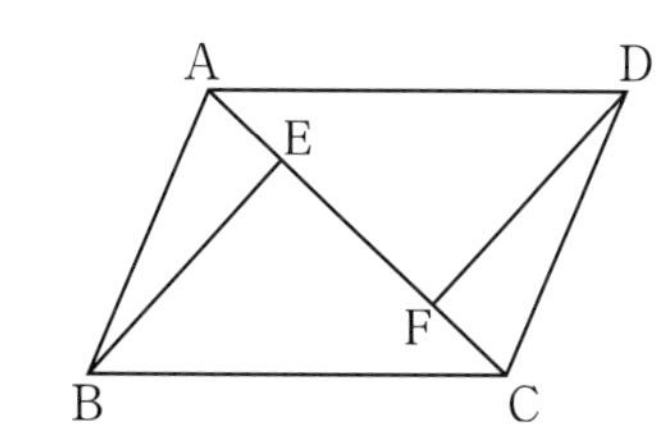

□(1) 仮定と結論を答えなさい。

仮定(　　　　　　)　結論(　　　　　　)

□(2) 次の□をうめて証明を完成させなさい。

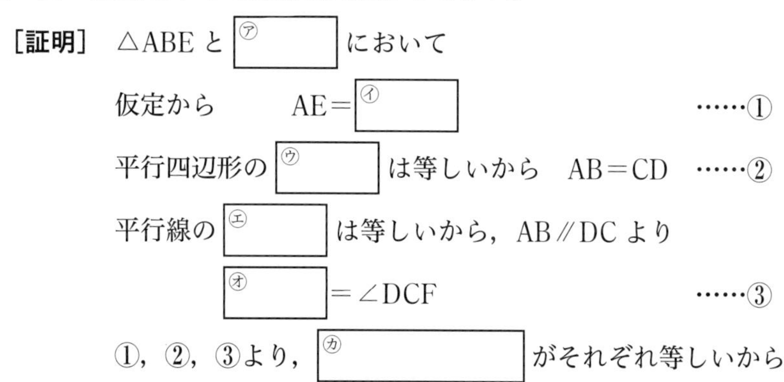

［証明］ △ABE と ㋐ において

仮定から　AE＝㋑　……①

平行四辺形の ㋒ は等しいから　AB＝CD　……②

平行線の ㋓ は等しいから，AB // DC より

㋔ ＝∠DCF　……③

①，②，③より，㋕ がそれぞれ等しいから

△ABE≡△CDF

合同な図形では対応する角の大きさは等しいから

∠ABE＝∠CDF

【平行四辺形の性質③】

❸ □ ▱ABCD の辺 AD，BC の中点をそれぞれ M，N とするとき，MB＝ND であることを証明しなさい。

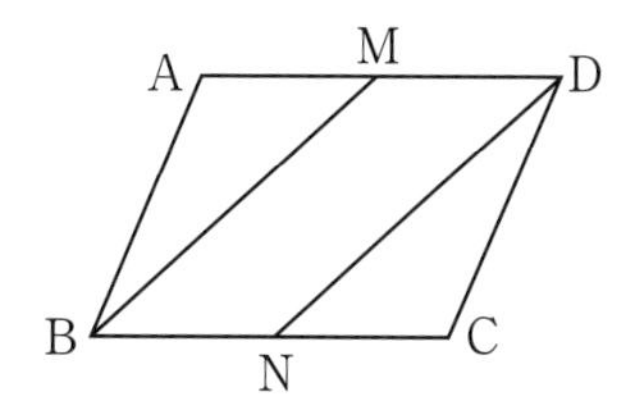

ヒント

❶ 平行四辺形では
(1) 2組の対角はそれぞれ等しいから，となり合う内角の和が 180° となる。
(2) 2組の対辺はそれぞれ等しい。
(3) 対角線はそれぞれの中点で交わる。

❷ 角の大きさが等しいことを証明するには，その角をふくむ合同な図形に着目する。
△ABE≡△CDF を考える。

❸ 辺の長さが等しいことを証明するには，その辺をふくむ合同な図形に着目する。
△ABM≡△CDN を考える。

5章

【平行四辺形になるための条件①】

4 □ 四角形 ABCD の対角線の交点を O とするとき，次の①～④のうち，四角形 ABCD が平行四辺形になる条件はどれですか。

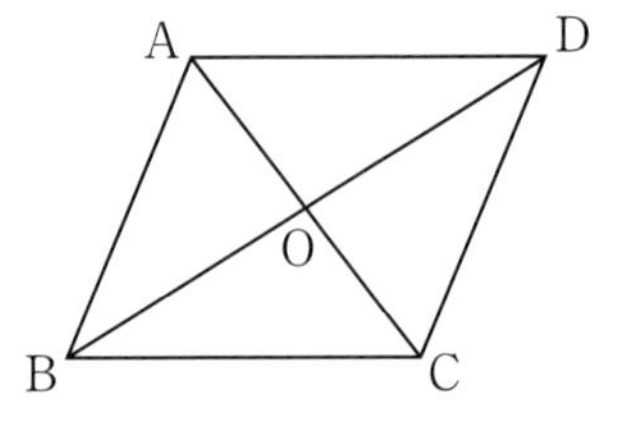

① AB＝DC，BC∥AD

② AB＝DC，∠B＋∠C＝180°

③ AO＝CO，AD＝BC

④ AO＝CO，AD∥BC

(　　　　　)

【平行四辺形になるための条件②】

5 □ 右の図のように，▱ABCD のそれぞれの辺に AP＝BQ＝CR＝DS となるように点 P，Q，R，S をとり，それらを結んでできる四角形 PQRS は，平行四辺形であることを証明します。次の□をうめて証明を完成させなさい。

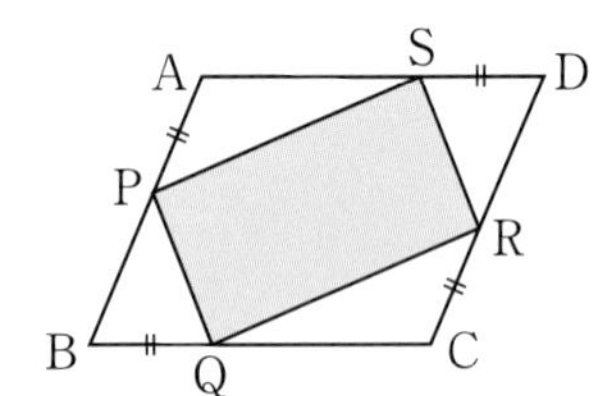

［証明］ △APS と △CRQ において，

仮定から　AP＝㋐□　……①

DS＝BQ　……②

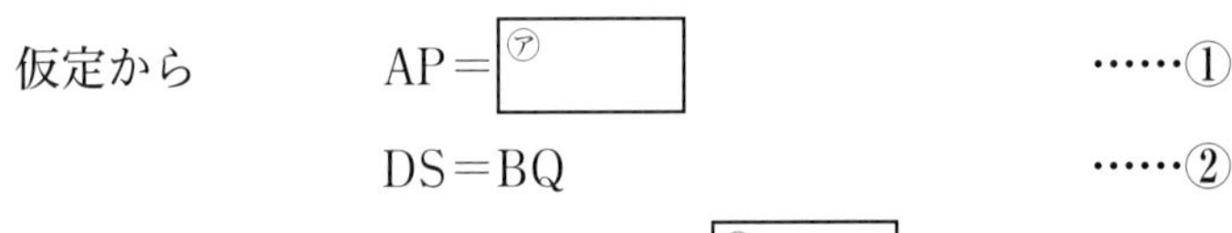

平行四辺形の対辺は等しいから　㋑□＝CB　……③

③－②より　AS＝㋒□　……④

平行四辺形の㋓□は等しいから　∠A＝∠C　……⑤

①，④，⑤より，㋔□がそれぞれ等しいから

△APS≡△CRQ

合同な図形では対応する辺の長さは等しいから　PS＝RQ

同様にして　㋕□≡△DRS

よって　PQ＝㋖□

したがって，㋗□がそれぞれ等しいから

四角形 PQRS は平行四辺形である。

【平行四辺形になるための条件③】

6 □ 右の図の ▱ABCD で，対角線 AC，BD の交点を O とします。AO，BO，CO，DO の中点を P，Q，R，S とするとき，四角形 PQRS は平行四辺形であることを証明しなさい。

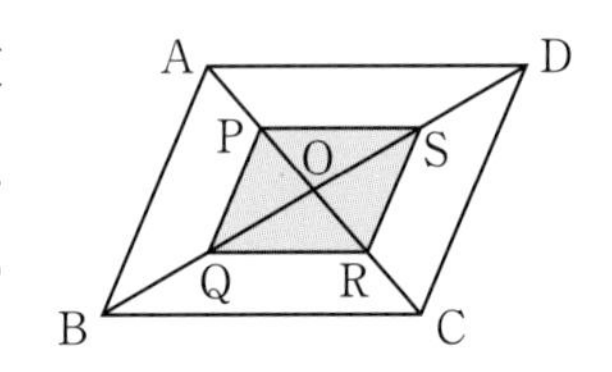

ヒント

4
平行四辺形になる５つの条件のどれにあてはまるかを調べる。

テスト得ダネ
平行四辺形では，
∠A＋∠B
＝∠B＋∠C
＝∠C＋∠D
＝∠D＋∠A＝180°

5
△APS と △CRQ が合同になることから，対応する辺 PS＝RQ
同様に △BPQ と △DRS が合同になることから，PQ＝RS

6
平行四辺形だから，対角線 AO＝CO より，PO＝RO を導くと，対角線がそれぞれの中点で交わることから，平行四辺形になる。

ミスに注意
PO＝RO より，O は PR の中点になることと同じである。

［解答▶p.20-21］

【特別な平行四辺形①】

7 右のような正方形 ABCD があります。
□ 正方形の内側に EB＝BC＝CE となる点 E をとるとき，∠ADE の大きさを求めなさい。

(　　　　　　)

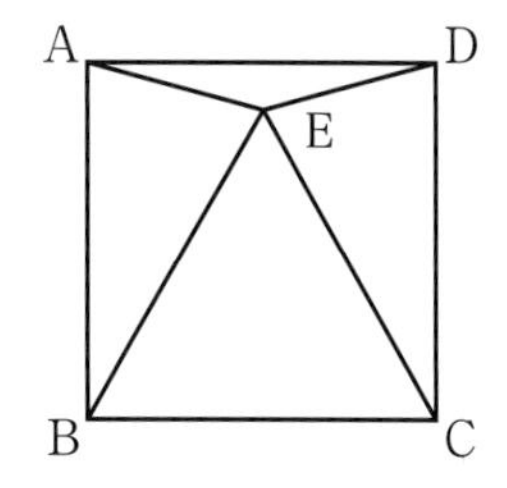

【特別な平行四辺形②】

8 ▱ABCD で，次のことが成り立つとき，▱ABCD はどんな四角形になりますか。ただし，対角線 AC と BD の交点を O とします。

□(1)　AB＝BC　(　　　　　　)
□(2)　OA＝OB　(　　　　　　)
□(3)　∠A＝∠B　(　　　　　　)
□(4)　AB＝BC，∠A＝∠B　(　　　　　　)

【面積が等しい三角形①】

9 右の図で，四角形 ABCD は平行四辺形で，
□ EF∥AC です。
このとき，△ACF と面積の等しい三角形をすべて答えなさい。

(　　　　　　　　　　)

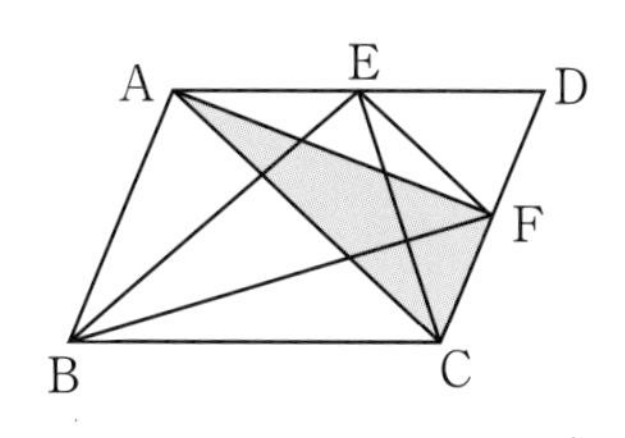

【面積が等しい三角形②】

点UP

10 ▱ABCD で，EF∥BD とします。
次の問いに答えなさい。

□(1)　▱ABCD の面積が 48 cm^2，△DEC の面積が 8 cm^2 のとき，△DBF の面積を求めなさい。

(　　　　　　)

□(2)　△ABE＝△AFD であることを証明しなさい。

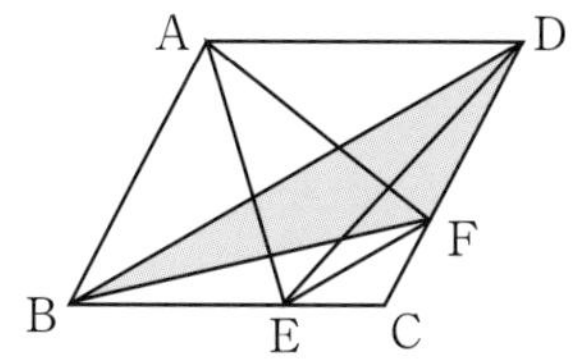

ヒント

7
△EBC は正三角形になるから，正方形と正三角形の性質を利用して考える。

8

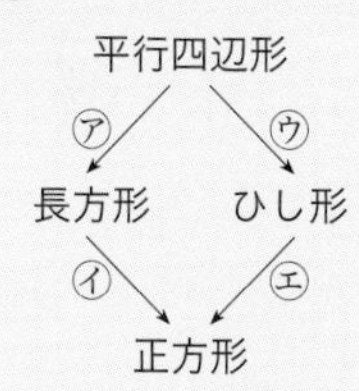

㋐〜㋓で，条件が加わると，四角形の形状が変わる。

9
「底辺と高さの等しい 2 つの三角形の面積は等しい」ことを利用する。
平行な 2 直線の距離(高さ)は等しいことを覚えておこう。

10
(1)△DBF＝△DBE
(2)△ABE＝△DBE
＝△DBF

ミスに注意
共通な底辺，平行な 2 直線はどれなのかを，図からしっかり読みとろう。

5章

Step 3 予想テスト

5章 三角形と四角形

30分　　／100点　目標 80点

1 次の図で，$\angle x$ の大きさを求めなさい。知　　15点(各5点)

□(1)

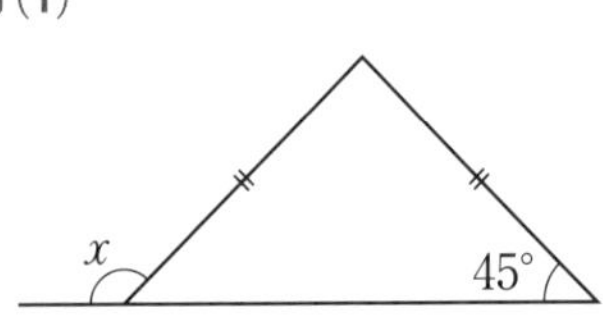

□(2)

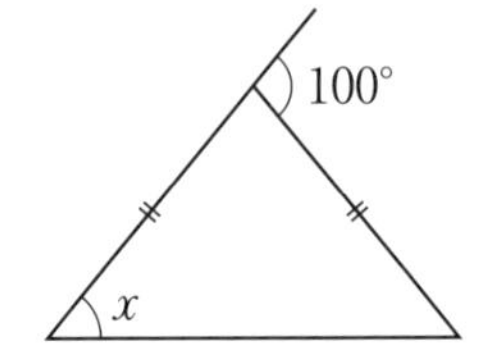

□(3)

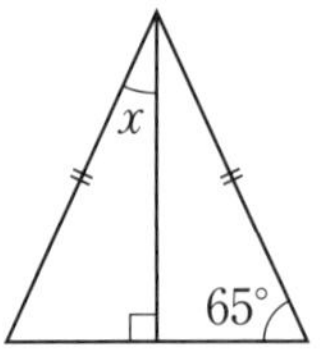

2 右の図で，x，y の関係を式で表しなさい。知　　8点

□

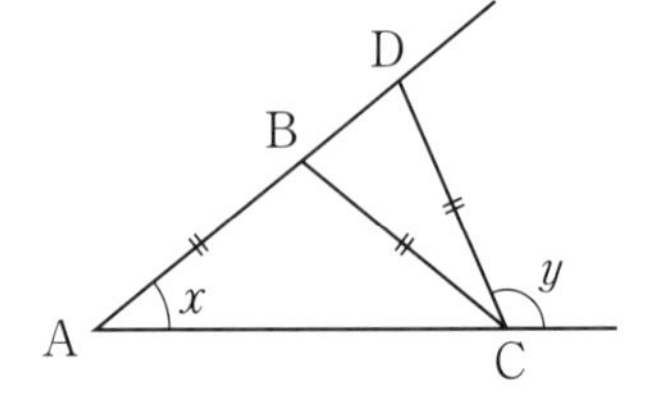

3 右の図は，$\angle$BAC＝45° の △ABC で，垂線 BD，CE をひき，BD と CE の交点を F としたものです。

□

このとき，$\angle$BFE の大きさを求めなさい。知 考　　9点

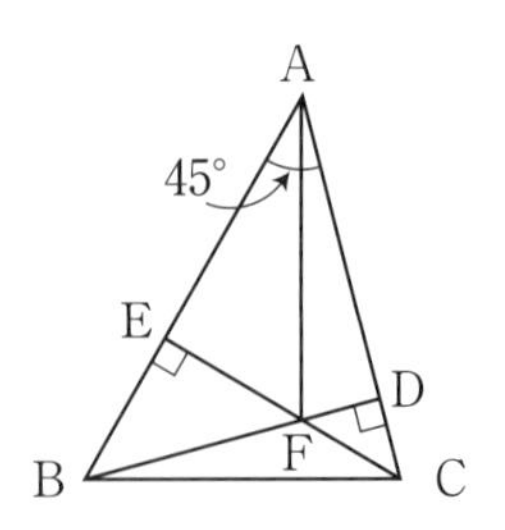

4 右の図で，△ABC は $\angle$A＝90° の直角三角形です。BC 上に BA＝BD となる点 D をとり，点 D を通って BC に垂線をひき，AC との交点を E とするとき，AE＝DE であることを次のように証明しました。

□

［　］をうめて証明を完成させなさい。知 考　　18点(各3点)

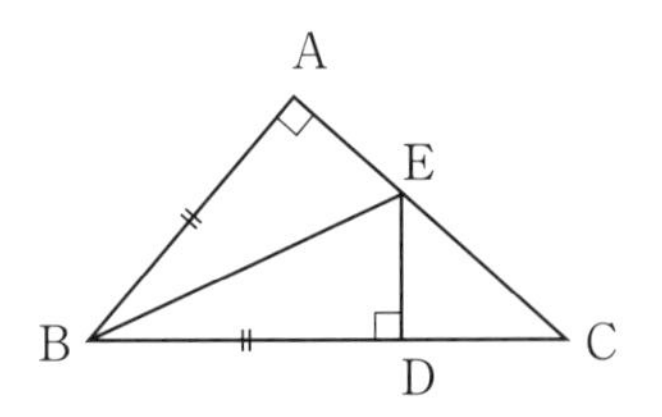

［証明］　△ABE と △DBE において

仮定から　　$\angle$BAE＝ ㋐［　　］＝90°　……①

BA＝ ㋑［　　］　……②

共通な辺であるから　BE＝ ㋒［　　］　……③

①，②，③より，直角三角形の ㋓［　　］がそれぞれ等しいから

△ABE ㋔［　　］△DBE

合同な図形では対応する辺の長さは等しいから　㋕［　　］＝DE

　成績評価の観点　知…数量や図形などについての知識・技能　考…数学的な思考・判断・表現

5 次の▱ABCD で，x，y の値を求めなさい。知 考　16点(各4点)

□(1)

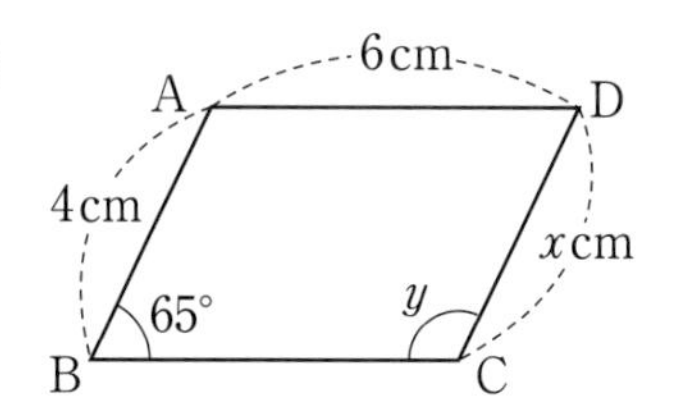

□(2)

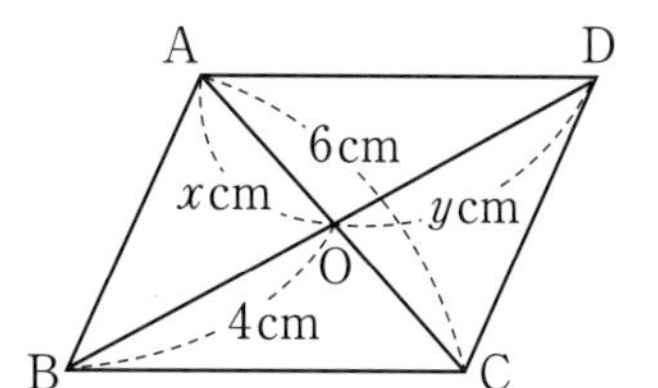

6 右の図で，▱ABCD の点 A，C から対角線 BD にひいた垂線の交点をそれぞれ P，Q とするとき，次の問いに答えなさい。知 考　20点(各10点)

点UP

□(1) AP＝CQ であることを証明しなさい。

□(2) 四角形 APCQ は平行四辺形であることを証明しなさい。

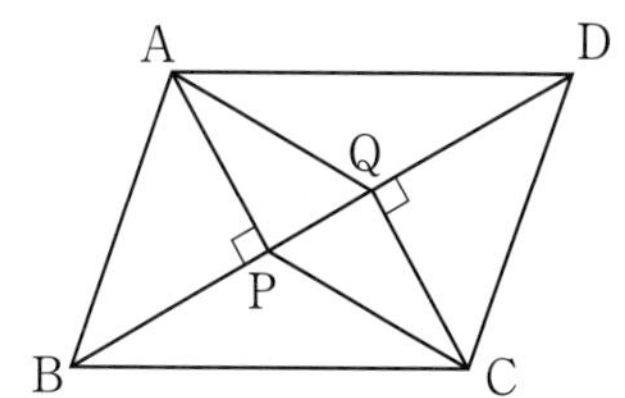

7 右の図で，四角形 ABCD は長方形，四角形 ACED は平行四辺形です。次の問いに答えなさい。知　14点(各7点)

□(1) △ACD と面積が等しい三角形で，AD を底辺とする三角形をすべて書きなさい。

□(2) △AHD と面積が等しい三角形で，CH を底辺とする三角形をすべて書きなさい。

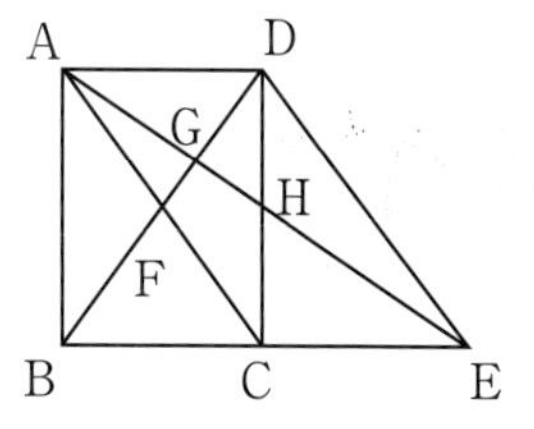

5章

1	(1)	(2)	(3)
2			
3			
4	㋐	㋑	㋒
	㋓	㋔	㋕
5	(1) $x=$　　, $y=$	(2) $x=$　　, $y=$	
6	(1)	(2)	
7	(1)	(2)	

1 ／15点　**2** ／8点　**3** ／9点　**4** ／18点　**5** ／16点　**6** ／20点　**7** ／14点

[解答▶p.22]

Step 1 基本チェック　1 データの散らばり　2 データの傾向と調査

15分

教科書のたしかめ　[　]に入るものを答えよう！

1 ❶ 四分位数と四分位範囲

▶ 教 p.172-176　Step 2 ❶❷

解答欄

□ (1)

10, 9, 5, 6, 9, 16, 3, 9, 11, 5, 2, 9, 10, 14, 7

上のデータについて，データを値の小さい順に並べると，
[2, 3, 5, 5, 6, 7, 9, 9, 9, 9, 10, 10, 11, 14, 16]
これより，四分位数を求めると，第2四分位数(中央値)は[9]，
第1四分位数は[5]，第3四分位数は[10]となる。

□ (2) (1)のデータについて，範囲は[14]，四分位範囲は[5]である。

1 ❷ 箱ひげ図

▶ 教 p.177-181　Step 2 ❸-❻

□ (3) (1)のデータについて，箱ひげ図をかけ。

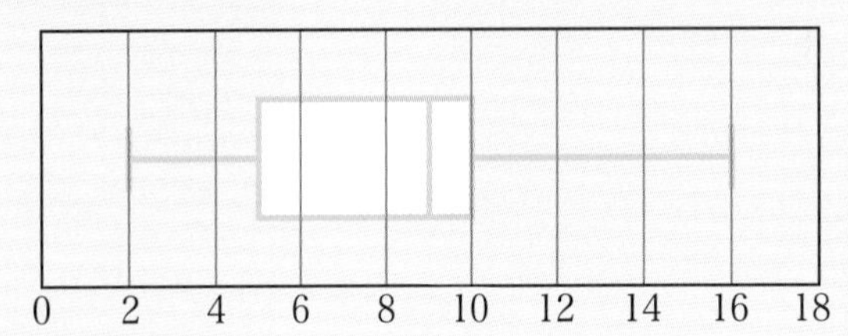

(1)

(2) ／

(3)

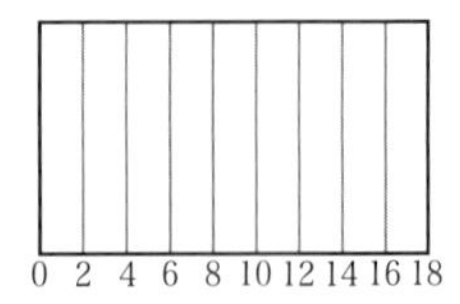

教科書のまとめ　＿＿に入るものを答えよう！

□ データを値の大きさの順に並べて4つに等しく分けるとき，4等分する位置にくる値を 四分位数 といい，小さい方から順に， 第1四分位数 ， 第2四分位数 (中央値)， 第3四分位数 という。

□ 第3四分位数から第1四分位数をひいた差を， 四分位範囲 という。
(四分位範囲)＝(第3四分位数)－(第1四分位数)

□ 右のような図を 箱ひげ図 という。

四分位範囲
箱
ひげ
ひげ
最小値
第1四分位数
中央値
第3四分位数
最大値

□ 箱ひげ図をかく手順
[1] 横軸にデータのめもりをとる。
[2] 第1四分位数 を左端， 第3四分位数 を右端とする長方形(箱)をかく。
[3] 箱の中に 中央値 (第2四分位数)を示す縦線をひく。
[4] 最小値，最大値を表す縦線をひき，箱の左端から最小値までと，箱の右端から最大値まで，線分(ひげ)をひく。

Step 2 予想問題 [1] データの散らばり [2] データの傾向と調査

1ページ 30分

【データの散らばり①】

よく出る

❶ 下のデータは，10人の生徒に10点満点の漢字テストを行った結果です。次の問いに答えなさい。

7，6，8，4，5，7，1，5，10，7　　単位(点)

□(1) このデータの平均値を求めなさい。 (　　　　)

□(2) このデータの四分位数を求めなさい。

第1四分位数(　　　　)

第2四分位数(　　　　)

第3四分位数(　　　　)

□(3) このデータの範囲を求めなさい。

(　　　　)

□(4) このデータの四分位範囲を求めなさい。

(　　　　)

□(5) このデータの箱ひげ図は，①，②のうちどちらですか。

①

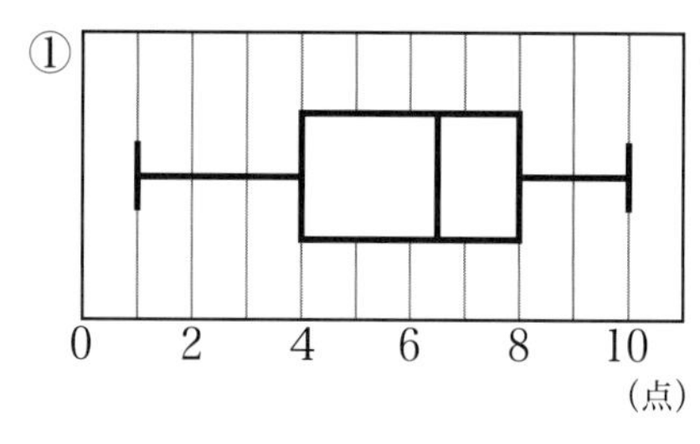

②

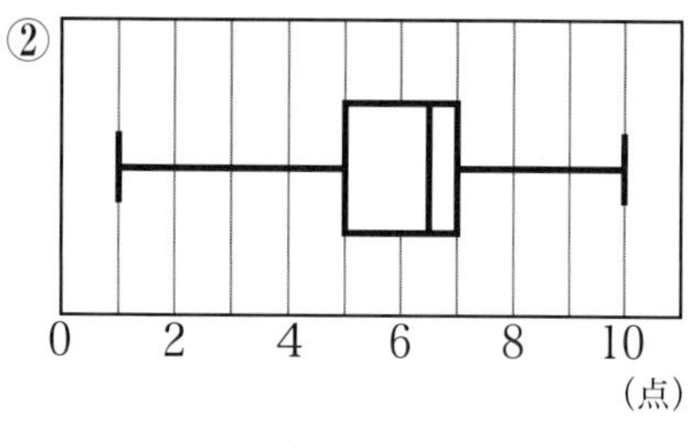

(　　　　)

【データの散らばり②】

点UP

❷ 下のようなデータがあります。平均値が8，中央値が8，第3四分位数が11であるとき，次の問いに答えなさい。ただし，a，b は自然数で，$a<b$ とします。

15，2，a，5，7，10，3，b，12，9

□(1) a，b の値を求めなさい。

(a…　　　　，b…　　　　)

□(2) このデータの第1四分位数を求めなさい。

(　　　　)

ヒント

❶

このデータの最小値は1点，最大値は10点である。

(3)範囲は，最大値から最小値をひいて求める。

(4)四分位範囲は，第3四分位数から第1四分位数をひいて求める。

(5)最大値と最小値，中央値は同じだから，四分位範囲のちがいで考える。

テスト得ダネ

データは，まず小さい順に並べかえて表すと考えやすい。

❷

a，b 以外のデータを小さい順に並べかえると，

2，3，5，7，9，10，12，15

(1)平均値が8だから，データの合計は80になればよいので，$a+b=17$ になる。この組み合わせから，中央値が8，第3四分位数が11になるものを考える。

6章

【データの散らばり③】

❸ みかんが入った段ボール箱が 12 箱あります。下のデータは，1 箱の中に入っているみかんの個数を数えた結果です。次の問いに答えなさい。

36，38，31，35，40，35，39，31，30，38，38，41　　単位(個)

□(1) 最大値，最小値を答えなさい。また，範囲を求めなさい。

最大値(　　　　　　)

最小値(　　　　　　)

範　囲(　　　　　　)

□(2) 四分位数を求めなさい。

第 1 四分位数(　　　　　　)

第 2 四分位数(　　　　　　)

第 3 四分位数(　　　　　　)

□(3) このデータの箱ひげ図をかきなさい。

28　30　32　34　36　38　40　42(個)

【データの散らばり④】

❹ ある中学 2 年生女子の体力テストの握力測定のデータから，箱ひげ図をつくると右のようになりました。
次の問いに答えなさい。

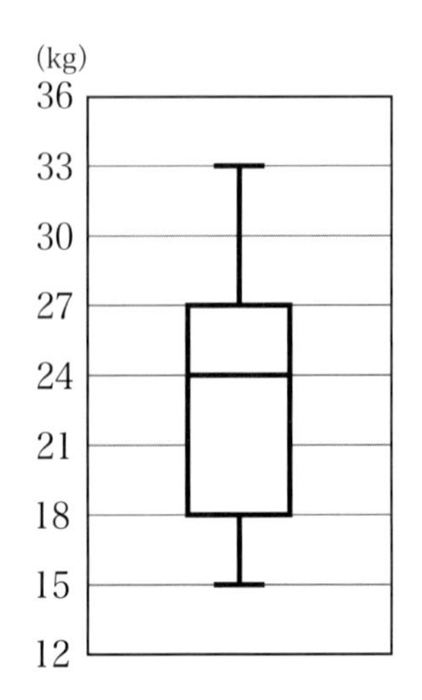

□(1) 右の図から，最大値，最小値を答えなさい。

最大値(　　　　　　)

最小値(　　　　　　)

□(2) 右の図から，四分位数を答えなさい。

第 1 四分位数(　　　　　　)

第 2 四分位数(　　　　　　)

第 3 四分位数(　　　　　　)

ヒント

❸
データを小さい順に並べかえると，
30，31，31，35，35，36，38，38，38，39，40，41
(2)データが偶数個あるので，中央値は値の大きさの順に並べて，6 個目と 7 個目の平均を求めればよい。

❹
(2)縦向きの箱ひげ図では，長方形(箱)の下側が第 1 四分位数，上側が第 3 四分位数，中の横線が第 2 四分位数(中央値)を表している。

[解答▶p.23]

【データの散らばり⑤】

❺ 次の A，B，C のヒストグラムについて，対応する箱ひげ図を㋐～㋒から選びなさい。

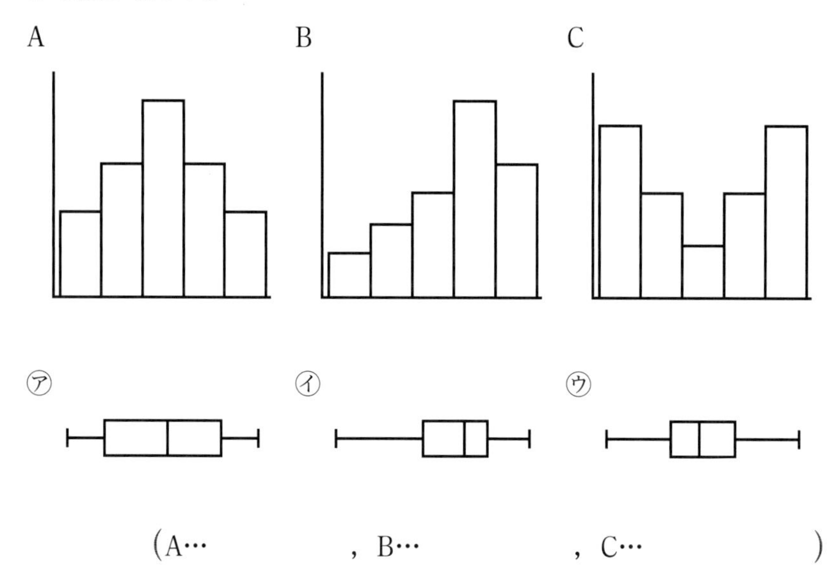

（A…　　　，B…　　　，C…　　　）

【データの比較】

よく出る

❻ 次の2つの箱ひげ図は，ある中学校の1年生と3年生が，1週間で行った家庭学習時間の分布を表しています。次の㋐～㋔のうち，正しいものをすべて選びなさい。

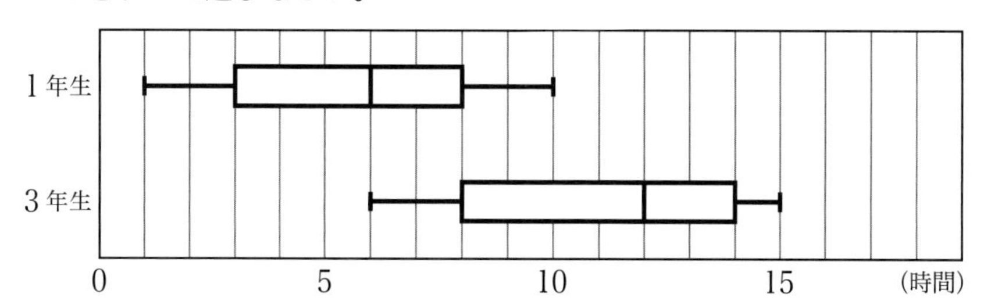

㋐ 1年生の学習時間の平均値は6時間である。

㋑ 3年生の学習時間で，もっとも長いのは15時間である。

㋒ 3年生で，学習時間が8時間から12時間までの区間にいる人数は，12時間から14時間までの区間にいる人数の2倍である。

㋓ 3年生の半分以上の人が，すべての1年生よりも学習時間が長い。

㋔ 1年生のデータの範囲は，3年生のデータの範囲より大きい。

（　　　　　）

ヒント

❺

ヒストグラムのすそにあたる部分は箱ひげ図のひげに対応しているので，ヒストグラムのすそが左に伸びていたら，箱ひげ図のひげも左に伸びる。

テスト得ダネ

ヒストグラムの山の位置と箱ひげ図の箱の位置は，だいたい対応している。

❻

まずは，1年生，3年生それぞれの箱ひげ図から，読みとれる値を考える。

ミスに注意

箱ひげ図の箱の中の縦線は，平均値を表しているわけではないので注意しよう。

Step 3 予想テスト 6章 データの活用

30分 ／100点 目標 80点

1 下の 12 個のデータについて，次の問いに答えなさい。知 24点(各6点)

28, 10, 15, 21, 32, 25, 8, 17, 30, 25, 29, 18

□(1) このデータの中央値を求めなさい。

□(2) このデータの範囲を求めなさい。

□(3) このデータの四分位範囲を求めなさい。

□(4) このデータの箱ひげ図は，①，②のうちどちらですか。

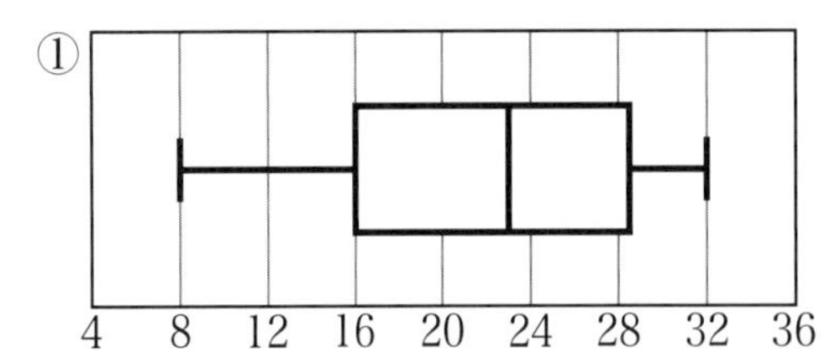

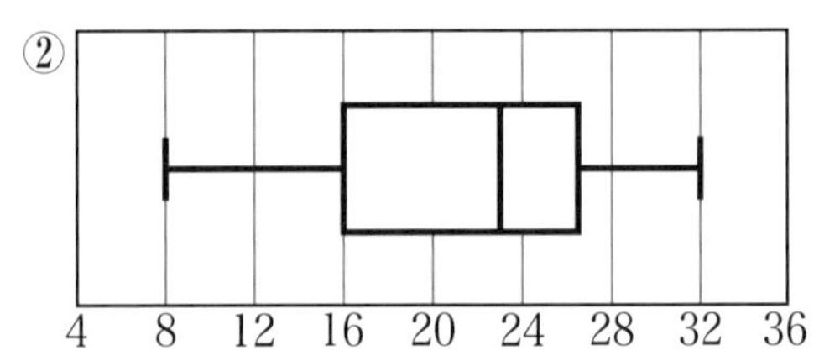

2 □ ある中学2年生の通学にかかる時間のデータから箱ひげ図をつくると，下のようになりました。この図からわかることとして正しいものを，次の㋐〜㋔からすべて選びなさい。

知 考 10点(完答)

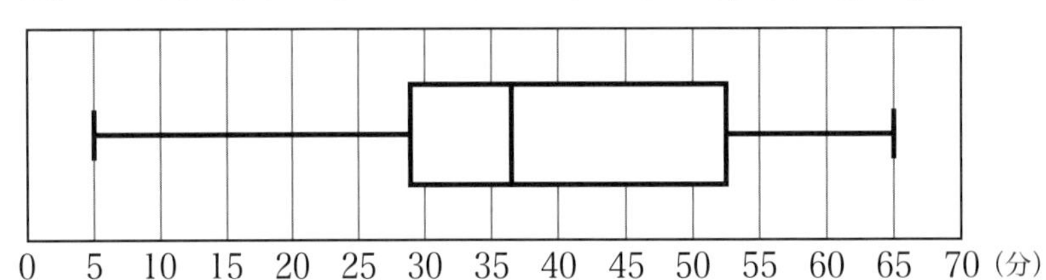

㋐ 通学にかかる時間がいちばん長い人の時間

㋑ 通学にかかる時間の平均

㋒ 2年生の半分以上の生徒が通学にかかる時間が30分以上

㋓ 通学にかかる時間がいちばん短い人といちばん長い人の時間の差

㋔ 2年生の生徒の人数

3 右の図は，A市，B市，C市について，ある年の月ごとの最高気温の平均値を箱ひげ図で表したものです。

次の問いに答えなさい。知 考 12点(各6点)

□(1) 気温の差が大きいのはどの都市ですか。

□(2) 1年のうち，25 ℃以上になる月の割合が多かったのはどの都市ですか。

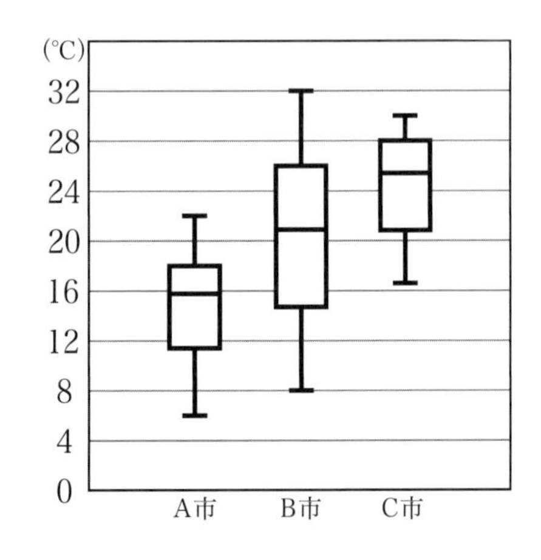

4 ある中学校の陸上部で，次の試合に出場するほうがん投げの選手をA，B 2人の中から1人選ぶことになりました。それぞれ2人の10回の記録をはかると下のようになりました。

A選手　10，11，10.5，11，12，9，10，11，11.5，12

B選手　10，9，11，7，7.5，11.5，13，10，9，12　　　単位(m)

次の問いに答えなさい。知 考

54点(各6点，(5)は完答)

□(1) A，Bそれぞれの平均値を求めなさい。

□(2) A，Bそれぞれの範囲を求めなさい。

□(3) A，Bそれぞれの四分位範囲を求めなさい。

□(4) A，Bそれぞれの箱ひげ図をかきなさい。

点UP □(5) あなたなら，AとBどちらの選手を選びますか。
その理由も説明しなさい。

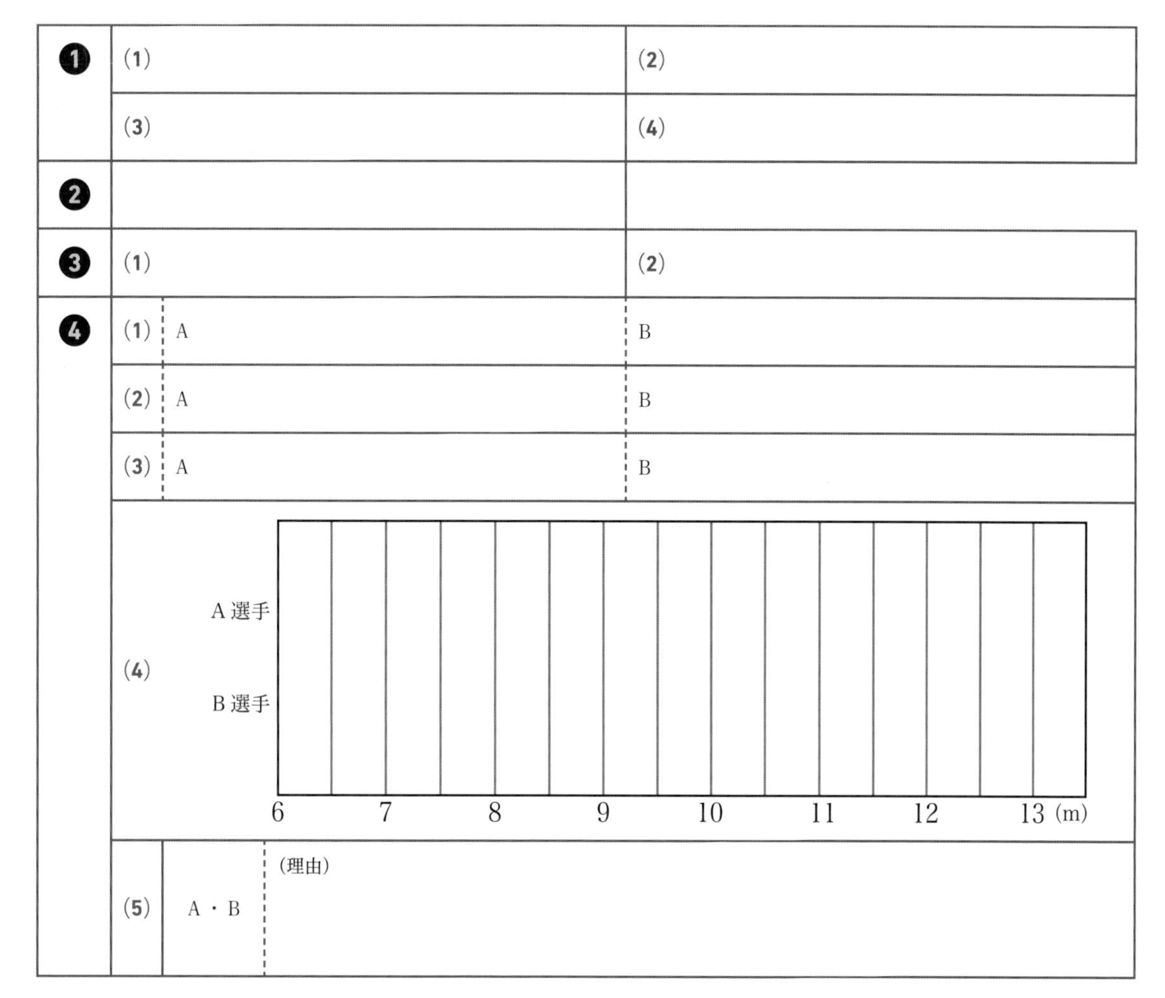

1 ／24点　2 ／10点　3 ／12点　4 ／54点

[解答▶p.24]

Step 1 基本チェック　1 確率

15分

教科書のたしかめ　[ ]に入るものを答えよう！

1 確率　▶教 p.188-191　Step 2 1-3

解答欄

□(1) 白玉1個と赤玉2個の入った袋から，玉を1個取り出すとき，取り出した玉が赤玉である確率は，$\left[\dfrac{2}{3}\right]$である。

(1) ＿＿＿＿

2 いろいろな確率　▶教 p.192-197　Step 2 4-10

□(2) 1枚の10円硬貨を2回投げるとする。表が出たときをㇱお，裏が出たときをう として，右のような[樹形図]をかくと，起こりうる場合は[4]通り。2回とも表が出る確率は$\left[\dfrac{1}{4}\right]$である。

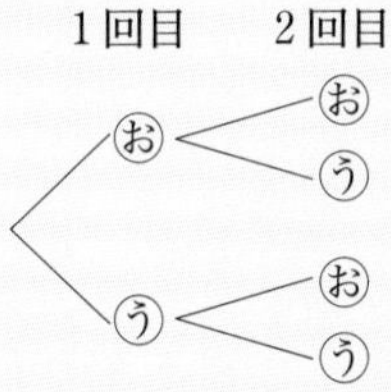

1回目　2回目
- お ─ お
- お ─ う
- う ─ お
- う ─ う

(2) ＿＿＿＿

□(3) 2個のさいころA，Bを同時に投げるとき，起こりうる場合は全部で[36]通り。右のような表にしてまとめると，出る目の数の和が6になる場合は，1と5，2と4，3と3，[4と2]，[5と1]の[5]通りだから，出る目の数の和が6になる確率は$\dfrac{[5]}{36}$である。

A＼B	1	2	3	4	5	6
1					○	
2				○		
3			○			
4		○				
5	○					
6						

(3) ＿＿＿＿

□(4) 10本のうち2本の当たりくじが入っているくじを，1本引くときの当たる確率は$\left[\dfrac{1}{5}\right]$である。

(4) ＿＿＿＿

教科書のまとめ　＿に入るものを答えよう！

□起こることが同じ程度に期待できるとき，各場合の起こることは同様に確からしいという。

□起こりうるすべての場合がn通りあり，そのうち，ことがらAの起こる場合がa通りあるとき，Aの起こる確率pは，$p=\dfrac{a}{n}$で求められる。

□絶対に起こることがらの確率は1であり，絶対に起こらないことがらの確率は0である。

□確率pの値の範囲は，$0 \leqq p \leqq 1$

(Aの起こらない確率)＝1－(Aの起こる確率)

Step 2 予想問題 1 確率

1ページ 30分

【確率①】

よく出る

1 1個のさいころを投げるとき，次の確率を求めなさい。

□(1) 1または2の目が出る確率

（　　　　）

□(2) 6の約数の目が出る確率

（　　　　）

□(3) 6以下の目が出る確率

（　　　　）

□(4) 7の目が出る確率

（　　　　）

【確率②】

2 1から12の整数を1つずつ記入したカードがあります。このカードをよくまぜて1枚引くとき，次の確率を求めなさい。

□(1) 引いたカードが奇数である確率

（　　　　）

□(2) 引いたカードが3の倍数である確率

（　　　　）

点UP

□(3) 引いたカードが素数である確率

（　　　　）

【確率③】

3 次の問いに答えなさい。

□(1) 20本のくじがあり，その中に2本の当たりくじがあります。このくじを1本引くとき，それが当たりくじである確率を求めなさい。

（　　　　）

□(2) 50本のくじがあり，その中に10本の当たりくじがあります。このくじを1本引くとき，それがはずれくじである確率を求めなさい。

（　　　　）

ヒント

1
起こりうるすべての場合は6通りである。
(2) 6の約数は，1，2，3，6の4通り。
(3) 6以下の目は，1，2，3，4，5，6の6通り。

2
起こりうるすべての場合は12通りである。
(2) 3の倍数は，3，6，9，12の4通り。
(3) 素数は，2，3，5，7，11の5通り。

ミスに注意
1は素数にふくめない。素数は，約数が2個しかない自然数である。

3
起こりうるすべての場合は，
(1) 20通り
(2) 50通り
(2)では，はずれくじが何本あるかを考える。

7章

【いろいろな確率①】

よく出る

4 1枚の硬貨を3回投げるとき，次の確率を求めなさい。

□(1) 1回だけ表が出て，あとは裏が出る確率

(　　　　　)

□(2) 少なくとも2回表が出る確率

(　　　　　)

【いろいろな確率②】

よく出る

5 大小2つのさいころを同時に投げるとき，次の問いに答えなさい。

□(1) 目の出方は，全部で何通りありますか。 (　　　　　)

□(2) 出る目の数の和が7になる確率を求めなさい。

(　　　　　)

□(3) 出る目の数の和が7以上になる確率を求めなさい。

(　　　　　)

□(4) 出る目の数の差が4になる確率を求めなさい。

(　　　　　)

□(5) 出る目の数の積が5以下になる確率を求めなさい。

(　　　　　)

□(6) 出る目の数の和が7以上で，差が4以下になる確率を求めなさい。

(　　　　　)

【いろいろな確率③】

6 袋の中に，赤玉5個，青玉4個，白玉6個が入っています。
この袋から玉を1個取り出すとき，次の確率を求めなさい。

□(1) 赤玉が出る確率

(　　　　　)

□(2) 青玉が出る確率

(　　　　　)

□(3) 青玉か白玉が出る確率

(　　　　　)

□(4) 白玉が出ない確率

(　　　　　)

ヒント

4

(2)少なくとも2回表が出ることは，2回以上表が出ることと同じ意味である。

テスト得ダネ

起こりうるすべての数を求めるには，樹形図は有効である。順序よく整理して数え上げることが大切である。

5

大のさいころの出方は6通り，小のさいころの出方は6通りだから，目の出方は36通り。
また，出方を樹形図や表を使って考えるとわかりやすい。

ミスに注意

(大，小)$=(a,\ b)$とすると，さいころに区別がつくので，$(b,\ a)$は異なる出方となる。

6

玉の取り出し方は何通りあるかをまず考える。

(3)青玉か白玉が出る出方は，
$4+6=10$(通り)

(4)白玉が出ないことは，赤玉か青玉が出ることと同じ意味である。

[解答▶p.25-26]

【いろいろな確率④】

7 [1], [2], [3], [4]の数字を書いた4枚のカードがあります。このカードをよくきって，1枚ずつ続けて3回引きます。
引いた順に左から1列に並べて3けたの整数をつくるとき，次の問いに答えなさい。

□(1) できた整数が偶数になる確率を求めなさい。

( )

□(2) 百の位の数がもっとも小さく，一の位の数がもっとも大きい整数となる確率を求めなさい。 ( )

【いろいろな確率⑤】

8 次の確率を求めなさい。

□(1) 男子3人，女子2人の中からくじ引きで2人の当番を選ぶとき，少なくとも1人は女子が選ばれる確率 ( )

□(2) A，Bの2人で1回じゃんけんをするとき，あいこになる確率

( )

【いろいろな確率⑥】

9 10円玉，50円玉，100円玉の3枚の硬貨を同時に投げるとき，次の問いに答えなさい。

□(1) 表になった硬貨の合計金額が，100円になる確率を求めなさい。

( )

□(2) 表になった硬貨の合計金額が，100円以上になる確率を求めなさい。 ( )

【いろいろな確率⑦】

10 4本のくじがあり，その中に2本の当たりくじがあります。
このくじを2回引いて，2本とも当たる確率を求めます。
次のように引いた場合の確率を求めなさい。

□(1) 1回目に引いたくじをもどさずに2回続けてくじを引いた場合

( )

□(2) 1回目に引いたくじをもとにもどしてから，2回目を引く場合

( )

ヒント

7
カードの並べ方が全部で何通りあるか，樹形図をかいて数える。

8
(1) 2人とも男子が選ばれる確率を考える。(あることがらの起こらない確率)=1−(あることがらの起こる確率)から考える。

9
3枚とも表が出たとき，合計金額は160円になる。

10
(1)と(2)のそれぞれの場合について，組み合わせをかき並べたり樹形図をかいたりして考える。

ミスに注意
続けて引いた場合ともとにもどして引いた場合とでは，起こりうるすべての場合の数がちがう。

7章

Step 3 予想テスト 7章 確率

20分 ／50点 目標 40点

1 次の確率を求めなさい。知 考 15点(各5点)

□(1) 1個のさいころを投げるとき，2の倍数の目が出る確率

□(2) 2枚の硬貨を投げるとき，2枚とも表が出る確率

□(3) 3人でじゃんけんを1回するとき，あいこになる確率

2 5本のくじのうち，3本が当たるくじがあります。このくじを1本ずつ2回続けて引くとき，次の問いに答えなさい。ただし，最初に引いたくじはもとにもどさないことにします。知 考 10点(各5点)

□(1) くじの引き方は，全部で何通りありますか。

□(2) 2回とも当たる確率を求めなさい。

3 [0]，[1]，[2]，[3]の4枚の数字カードがあります。このカードから2枚を選び，2けたの整数をつくるとき，次の問いに答えなさい。知 考 10点(各5点)

□(1) 2けたの数は，全部で何通りつくれますか。

点UP □(2) 偶数ができる確率を求めなさい。

4 袋の中に赤玉が2個，白玉が6個入っています。この袋の中から同時に2個の玉を取り出すとき，次の問いに答えなさい。知 考 15点(各5点)

□(1) 2個の玉の取り出し方は，全部で何通りありますか。

□(2) 取り出した玉が，1個は赤玉で，もう1個が白玉である確率を求めなさい。

点UP □(3) 取り出した玉が，少なくとも1個が赤玉である確率を求めなさい。

1	(1)	(2)	(3)
2	(1)	(2)	
3	(1)	(2)	
4	(1)	(2)	(3)

1 ／15点 2 ／10点 3 ／10点 4 ／15点

[解答▶p.28]

テスト前 ✓ やることチェック表

① まずはテストの目標をたてよう。頑張ったら達成できそうなちょっと上のレベルを目指そう。
② 次にやることを書こう（「ズバリ英語○ページ，数学○ページ」など）。
③ やり終えたら□に✓を入れよう。
最初に完ぺきな計画をたてる必要はなく，まずは数日分の計画をつくって，
その後追加・修正していっても良いね。

目標

	日付	やること 1	やること 2
2週間前	／	□	□
	／	□	□
	／	□	□
	／	□	□
	／	□	□
	／	□	□
	／	□	□
1週間前	／	□	□
	／	□	□
	／	□	□
	／	□	□
	／	□	□
	／	□	□
	／	□	□
テスト期間	／	□	□
	／	□	□
	／	□	□
	／	□	□
	／	□	□

キリトリ線

QRコードのページに登録すると，「ぴたリンク」からも表をダウンロードできるよ

テスト前 ☑ やることチェック表

① まずはテストの目標をたてよう。頑張ったら達成できそうなちょっと上のレベルを目指そう。
② 次にやることを書こう（「ズバリ英語〇ページ，数学〇ページ」など）。
③ やり終えたら▢に✔を入れよう。
最初に完ぺきな計画をたてる必要はなく，まずは数日分の計画をつくって，
その後追加・修正していっても良いね。

目標

	日付	やること 1	やること 2
2週間前	/	▢	▢
	/	▢	▢
	/	▢	▢
	/	▢	▢
	/	▢	▢
	/	▢	▢
	/	▢	▢
1週間前	/	▢	▢
	/	▢	▢
	/	▢	▢
	/	▢	▢
	/	▢	▢
	/	▢	▢
	/	▢	▢
テスト期間	/	▢	▢
	/	▢	▢
	/	▢	▢
	/	▢	▢
	/	▢	▢

QRコードのページに登録すると，「ぴたリンク」からも表をダウンロードできるよ

数研出版版 数学2年 ｜ 定期テスト ズバリよくでる ｜ 解答集

1章 式の計算

1 式の計算

p.3-4 Step 2

❶ (1) ㋐ 5，㋒ 3

(2) ㋑，項…$3x$，$-5x^2$，5　何次式…2次式

解き方 (1) 単項式の次数は，かけ合わされている文字の数だから，㋐は，a が2つ，b が3つで5と答える。㋒は，x が2つ，y が1つで3と答える。

(2) $3x-5x^2+5=3x+(-5x^2)+5$ と書けるから，$3x$，$-5x^2$，5が項である。この3つの項の中で，次数がもっとも大きいのは $-5x^2$

❷ (1) $3ab$　(2) $4x-7y$

(3) $-5x-2y+8$　(4) x^2-x+8

解き方 (1) $2ab-a+ab+a=2ab+ab-a+a=3ab$

(2) $7x-5y-3x-2y=7x-3x-5y-2y=4x-7y$

(4) $2x^2-x+3-x^2+5=2x^2-x^2-x+3+5$

$=x^2-x+8$

❸ (1) $7a-5b$　(2) $-3x+y$

(3) $-x^2-8x$　(4) $\frac{1}{2}x-\frac{7}{6}y$

解き方 かっこをはずしてから，同類項をまとめる。$-(\quad)$ のときは，$(\quad)$ の内の項の符号がすべて変わることに注意する。

(1) $(5a-2b)+(2a-3b)=5a-2b+2a-3b$

$=5a+2a-2b-3b=7a-5b$

(2) $x-(4x-y)=x-4x+y=-3x+y$

(3) $-2x^2-2x-(-x^2+6x)=-2x^2-2x+x^2-6x$

$=-2x^2+x^2-2x-6x=-x^2-8x$

(4) $\left(\frac{5}{6}x-\frac{2}{3}y\right)-\left(\frac{x}{3}+\frac{y}{2}\right)$

$=\frac{5}{6}x-\frac{2}{3}y-\frac{x}{3}-\frac{y}{2}=\frac{5}{6}x-\frac{x}{3}-\frac{2}{3}y-\frac{y}{2}$

$=\frac{5}{6}x-\frac{2}{6}x-\frac{4}{6}y-\frac{3}{6}y=\frac{3}{6}x-\frac{7}{6}y=\frac{1}{2}x-\frac{7}{6}y$

❹ (1) $2x-9y$　(2) $10x+y$

解き方 (　)をつけて式に表す。

(1) $(6x-4y)+(-4x-5y)$

$=6x-4y-4x-5y$

$=6x-4x-4y-5y$

$=2x-9y$

(2) $(6x-4y)-(-4x-5y)$

$=6x-4y+4x+5y$

$=6x+4x-4y+5y$

$=10x+y$

❺ (1) $-3a+2b$　(2) $20a+4b-8$

(3) x^2-6x+5　(4) $\frac{a+b}{6}$

解き方 (2) $(5a+b-2)\div\frac{1}{4}=(5a+b-2)\times4$

$=20a+4b-8$

(3) $3(x^2-2x+1)-2(x^2-1)$

$=3x^2-6x+3-2x^2+2=x^2-6x+5$

(4) $\frac{2a-b}{3}-\frac{a-b}{2}=\frac{2(2a-b)-3(a-b)}{6}$

$=\frac{4a-2b-3a+3b}{6}=\frac{a+b}{6}$

❻ (1) $15ab$　(2) $-28x^2$

(3) $8x^3$　(4) $80a^2b$

(5) $9a^3b$　(6) $\frac{3}{4}xy^2$

解き方 積の符号に注意する。

(3) $-(-2x)^3=-(-2x)\times(-2x)\times(-2x)$

$=-(-2)\times(-2)\times(-2)\times x\times x\times x=8x^3$

(4) $(-4a)^2\times5b=(-4a)\times(-4a)\times5b$

$=16a^2\times5b=80a^2b$

(5) $-(3a)^2\times(-ab)=-9a^2\times(-ab)$

$=9a^3b$

(6) $\frac{x}{3}\times\left(-\frac{3}{2}y\right)^2=\frac{x}{3}\times\frac{9}{4}y^2$

$=\frac{x\times\overset{3}{\cancel{9}}\times y\times y}{\underset{1}{\cancel{3}}\times4}=\frac{3}{4}xy^2$

❼ (1) $-\dfrac{1}{4}x$　(2) $-4x$

(3) $8b^2$　(4) $-6xy$

(5) $\dfrac{7}{16}x$　(6) $\dfrac{6}{5}$

解き方　除法の計算も，乗法と同じように先に係数の符号を決めるとミスが少ない。

(1) $2x^2\div(-8x)=-\dfrac{2x^2}{8x}=-\dfrac{1}{4}x$

(2) $12x^2y^2\div(-3xy^2)=-\dfrac{12x^2y^2}{3xy^2}=-4x$

(3) $6ab^2\div\dfrac{3}{4}a=\dfrac{6ab^2\times4}{3a}=8b^2$

(4) $-4xy^2\div\dfrac{2}{3}y=-\dfrac{4xy^2\times3}{2y}=-6xy$

(5) $\dfrac{7}{12}x^2y\div\dfrac{4}{3}xy=\dfrac{7x^2y\times3}{12\times4xy}=\dfrac{7}{16}x$

(6) $\left(-\dfrac{9}{10}xy^2\right)\div\left(-\dfrac{3}{4}xy^2\right)=\dfrac{9xy^2\times4}{10\times3xy^2}=\dfrac{6}{5}$

❽ (1) $-4x^2y^2$　(2) 1

(3) $-a$　(4) $-4x^3$

(5) $2x^2$　(6) $-\dfrac{1}{3}m^2$

解き方　わる数を逆数にして分数の形になおして，かける。約分できるときは約分する。

(1) $x^2y\div xy\times(-4xy^2)=-\dfrac{x^2y\times4xy^2}{xy}=-4x^2y^2$

(2) $(-n^2)\times(-n)\div n^3=\dfrac{n^2\times n}{n^3}=1$

(3) $2a^2b\times(-3b)\div6ab^2=-\dfrac{2a^2b\times3b}{6ab^2}=-a$

(4) $-12x^3\div6x\times2x=-\dfrac{12x^3\times2x}{6x}=-4x^3$

(5) $\dfrac{1}{4}x\times(4x)^2\div2x=\dfrac{x\times16x^2}{4\times2x}=2x^2$

(6) $3m\times\left(-\dfrac{2}{3}m^2\right)\div6m=-\dfrac{3m\times2m^2}{3\times6m}=-\dfrac{1}{3}m^2$

❾ (1) 2　(2) -51　(3) $\dfrac{3}{4}$

解き方　(1) $2x-y^2=2\times3-(-2)^2=6-4=2$

(2) $2(3x+9y)+3(2x-7y)=6x+18y+6x-21y$

$=12x-3y=12\times(-5)-3\times(-3)$

$=-60+9=-51$

(3) $\left(-\dfrac{a}{2}\right)^3\div(-a^3b)\times ab^2=\dfrac{a^3\times1\times ab^2}{8\times a^3b\times1}=\dfrac{ab}{8}$

$=\dfrac{(-2)\times(-3)}{8}=\dfrac{6}{8}=\dfrac{3}{4}$

2 文字式の利用

p.6-7 Step ❷

❶ ㋐ $2n$　㋑ $2m-2n+1$　㋒ $m-n$

解き方　奇数となるには，$2\times$(整数)$+1$ の形に式を変形していく。

❷ n を整数として，となり合う 2 つの整数を n，$n+1$ と表す。このとき，これらの和は，

$n+n+1=2n+1$

$2n+1$ は奇数を表すから，となり合う 2 つの整数の和は，奇数になる。

解き方　となり合う整数を n，$n-1$ としても，$2n-1$ となり，偶数より 1 小さい数は奇数だから，$2n-1$ も奇数を表す。この説明でもよい。

❸ (1) $100a+10b+c$

(2) 3 の倍数

(3) $100a+10b+c$

$=99a+a+9b+b+c$

$=99a+9b+a+b+c$

$=3(33a+3b)+(a+b+c)$

$33a+3b$ は自然数であるから

$3(33a+3b)$ は 3 の倍数，

$a+b+c$ は 3 の倍数であるから，

$100a+10b+c$ は 3 の倍数になる。

解き方　(2) a，b，c が各位の数を表しているから，$a+b+c$ は 3 の倍数である。

(3) $100a=99a+a$，$10b=9b+b$ と表せることから，式を変形していく。

▶本文 p.7

❹ $S=ab-ac$，$c=b-\dfrac{S}{a}$

解き方 道路の部分は，底辺 c m，高さ a m の平行四辺形である。

$S=ab-ac$

移項して，$ac=ab-S$

両辺を a でわって，$c=b-\dfrac{S}{a}$

$c=\dfrac{ab-S}{a}$ としてもよい。

❺ $S=\pi r^2+2rx$

解き方 円と長方形を合わせた図形だから，それぞれの面積を文字式で表す。

円の面積は πr^2 cm²

長方形の面積は，縦の長さが $2r$ cm，横の長さが x cm なので，$2rx$ cm²

よって，$S=\pi r^2+2rx$

❻ (1) $b=10-a$　(2) $n=\dfrac{5}{2}-6m$

(3) $x=\dfrac{y+3}{2}$　(4) $b=3a-2c$

(5) $r=\dfrac{\ell}{2\pi}$　(6) $h=\dfrac{3V}{\pi r^2}$

(7) $x=\dfrac{180S}{\pi r}$　(8) $a=\dfrac{c+3}{2}-b$

解き方 (解く文字)$=\sim$ の形に変形するから，移項や等式の性質を利用して，解く文字を左辺に置くようにする。

(1) $a+b=10$

a を右辺に移項して，$b=10-a$

$b=-a+10$ としてもよい。

移項すると，符号が変わることに注意する。

(2) $3m+\dfrac{1}{2}n=\dfrac{5}{4}$

$3m$ を右辺に移項して，$\dfrac{1}{2}n=\dfrac{5}{4}-3m$

両辺に 2 をかけて，$n=\dfrac{5}{2}-6m$

(3) $y=2x-3$

「$a=b$ ならば，$b=a$」の性質を利用して，両辺を入れかえると，$2x-3=y$

-3 を右辺に移項して，$2x=y+3$

両辺を x の係数 2 でわって，$x=\dfrac{y+3}{2}$

(4) $a=\dfrac{2b+4c}{6}$

「$a=b$ ならば，$b=a$」の性質を利用して，両辺を入れかえると，$\dfrac{2b+4c}{6}=a$

両辺に 6 をかけて，$2b+4c=6a$

$4c$ を移項して，$2b=6a-4c$

両辺を 2 でわって，$b=3a-2c$

(5) $\ell=2\pi r$

「$a=b$ ならば，$b=a$」の性質を利用して，両辺を入れかえると，$2\pi r=\ell$

両辺を 2π でわって，$r=\dfrac{\ell}{2\pi}$

(6) $V=\dfrac{1}{3}\pi r^2h$

両辺に 3 をかけて，$3V=\pi r^2h$

「$a=b$ ならば，$b=a$」の性質を利用して，両辺を入れかえると，$\pi r^2h=3V$

両辺を πr^2 でわって，$h=\dfrac{3V}{\pi r^2}$

(7) $S=2\pi r\times\dfrac{x}{360}$

両辺に 360 をかけて，$360S=2\pi rx$

「$a=b$ ならば，$b=a$」の性質を利用して，両辺を入れかえると，$2\pi rx=360S$

両辺を $2\pi r$ でわって，

$$x=\frac{360S}{2\pi r}$$
$$=\frac{180S}{\pi r}$$

(8) $c=2(a+b)-3$

「$a=b$ ならば，$b=a$」の性質を利用して，両辺を入れかえると，$2(a+b)-3=c$

-3 を移項して，$2(a+b)=c+3$

両辺を 2 でわって，$a+b=\dfrac{c+3}{2}$

b を移項して，$a=\dfrac{c+3}{2}-b$

$a=\dfrac{c+3-2b}{2}$ としてもよい。

p.8-9 Step 3

❶ (1) $5a-4b+1$ (2) $-3x^2+2x-4$ (3) $-10y$
(4) $\dfrac{3a-4b}{2}$ (5) $\dfrac{-20x+11y}{15}$ (6) $-x+y-1$

❷ (1) $-10x^2y$ (2) $27x^3$ (3) $4xy$
(4) $\dfrac{3b}{a}$ (5) $\dfrac{3}{16}y^2$ (6) $\dfrac{9}{4}x^2$

❸ (1) $-2x^2+4x-2$ (2) $21x^2-22x+36$

❹ (1) 10 (2) 3

❺ (1) $x=2-3y$ (2) $a=\dfrac{\ell}{2}-b$
(3) $c=3m-a-b$ (4) $b=\dfrac{2S}{h}-a$

❻ 3 倍

❼ (1) $9m-9n$ (2) 3，9

解き方

❶ かっこをはずすときは，すべての項にかける。
かっこの前が負の数のときは符号が変わることに注意する。(4)(5)は通分してから計算する。

(4) $a-b-\dfrac{-a+2b}{2}=\dfrac{2a-2b}{2}-\dfrac{-a+2b}{2}$

$=\dfrac{2a-2b+a-2b}{2}=\dfrac{3a-4b}{2}$

(5) $\dfrac{-7x+4y}{3}-\dfrac{-5x+3y}{5}$

$=\dfrac{5(-7x+4y)-3(-5x+3y)}{15}$

$=\dfrac{-35x+20y+15x-9y}{15}=\dfrac{-20x+11y}{15}$

❷ 除法は逆数にして乗法になおして計算する。逆数のとき，文字の扱いに注意する。

(3) $-8x^3y^2\div(-2x^2y)=\dfrac{8x^3y^2}{2x^2y}=4xy$

(4) $\dfrac{3}{4}ab^2\div\dfrac{1}{4}a^2b=\dfrac{3ab^2\times4}{4\times a^2b}=\dfrac{3b}{a}$

(5) $4y\times\left(-\dfrac{3}{4}y\right)^2\div12y=\dfrac{4y\times9y^2\times1}{16\times12y}=\dfrac{3}{16}y^2$

(6) $4x^2\div\left(\dfrac{2}{3}x\right)^2\times\left(-\dfrac{1}{2}x\right)^2$

$=\dfrac{4x^2\times9\times x^2}{1\times4x^2\times4}=\dfrac{9}{4}x^2$

❸ 文字式をかっこでくくって式に表す。

(1) $A+B=(3x^2-2x+6)+(-5x^2+6x-8)$
$=3x^2-2x+6-5x^2+6x-8=-2x^2+4x-2$

(2) $2A-3B=2(3x^2-2x+6)-3(-5x^2+6x-8)$
$=6x^2-4x+12+15x^2-18x+24$
$=21x^2-22x+36$

❹ 与えられた文字式をまず簡単にしてから代入する。負の数を代入するときは，かっこをつけることを忘れないようにしよう。

(1) $3(x-4y)-2(-3x+y)$
$=3x-12y+6x-2y=9x-14y$
$=9\times\dfrac{1}{3}-14\times\left(-\dfrac{1}{2}\right)=3+7=10$

(2) $-6x^2y\div\dfrac{1}{3}x=-6x^2y\times\dfrac{3}{x}$
$=-18xy=-18\times\dfrac{1}{3}\times\left(-\dfrac{1}{2}\right)=3$

❺〔 〕内の文字について解くことは，1 年で学習した方程式を解くことと同じ考えである。
(2)(4)は，解く文字が右辺にあるとき，右辺と左辺を入れかえるが，移項ではないので符号は変えないことに注意する。

(2) $\ell=2(a+b)$，$2(a+b)=\ell$
$a+b=\dfrac{\ell}{2}$，$a=\dfrac{\ell}{2}-b$

(4) $S=\dfrac{1}{2}(a+b)h$，$\dfrac{2S}{h}=a+b$
$a+b=\dfrac{2S}{h}$，$b=\dfrac{2S}{h}-a$

❻ 円柱 A，B のそれぞれの体積は，
A：$\pi r^2\times h=\pi r^2h\,(\mathrm{cm}^3)$
B：$\pi\times(3r)^2\times\dfrac{1}{3}h=3\pi r^2h\,(\mathrm{cm}^3)$
$3\pi r^2h\div\pi r^2h=3$
よって，円柱 B の体積は，円柱 A の体積の 3 倍になる。

❼ A，B を文字式で表す。
$A=10m+n$，$B=10n+m$
(1) $A-B=(10m+n)-(10n+m)=9m-9n$
(2) (1)より，$9m-9n=9(m-n)$
$m-n$ は整数であるから，$A-B$ は 9 の倍数となる。
9 の倍数は，3 と 9 でわり切れる。

2章 連立方程式

1 連立方程式

p.11-12 **Step 2**

1 ㋑

解き方 $-2x+y=-10$…①，$7x-2y=29$…②とする。解を連立方程式に代入して，等式が成り立つものをさがす。

㋐ $x=5$，$y=3$ を①に代入すると，

(左辺)$=-2\times5+3=-7$　(右辺)$=-10$　×

㋑ $x=3$，$y=-4$ を①に代入すると，

(左辺)$=-2\times3-4=-10$　(右辺)$=-10$　○

②に代入すると，

(左辺)$=7\times3-2\times(-4)=29$　(右辺)$=29$　○

㋒ $x=-3$，$y=-4$ を①に代入すると，

(左辺)$=-2\times(-3)-4=2$　(右辺)$=-10$　×

㋓ $x=13$，$y=16$ を①に代入すると，

(左辺)$=-2\times13+16=-10$　(右辺)$=-10$　○

②に代入すると，

(左辺)$=7\times13-2\times16=59$　(右辺)$=29$　×

2 (1) $x=2$，$y=1$　(2) $x=-2$，$y=1$
(3) $x=1$，$y=-2$　(4) $x=-2$，$y=3$

解き方 (1)(2)はそのまま加減法で，(3)(4)は1つの文字の係数の絶対値をそろえてから解く。

上の式を①，下の式を②とする。

(1) ①＋②　$3y=3$，$y=1$

$y=1$ を①に代入して，

$4x+1=9$

$4x=8$，$x=2$

(2) ①＋②　$-x=2$，$x=-2$

$x=-2$ を①に代入して，

$-4-5y=-9$

$-5y=-5$，$y=1$

(3) ①×3　$3x-9y=21$　……③

②−③　$11y=-22$，$y=-2$

$y=-2$ を①に代入して，

$x+6=7$，$x=1$

(4) ①×3　$9x+6y=0$　……③

②×2　$-8x+6y=34$　……④

③−④　$17x=-34$，$x=-2$

$x=-2$ を①に代入して，

$-6+2y=0$

$2y=6$，$y=3$

3 (1) $x=7$，$y=4$　(2) $x=1$，$y=4$
(3) $x=-9$，$y=-3$　(4) $x=3$，$y=5$

解き方 代入するときは，かっこをつけて式に表すとまちがいが少ない。

上の式を①，下の式を②とする。

(1) ①を②に代入して，

$3(2y-1)-5y=1$

$6y-3-5y=1$

$y=4$

$y=4$ を①に代入して，

$x=8-1=7$

(2) ②を①に代入して，

$5x-3(x+3)=-7$

$5x-3x-9=-7$

$2x=2$

$x=1$

$x=1$ を②に代入して，

$y=1+3=4$

(3) ①を②に代入して，

$3\times3y-y=-24$

$9y-y=-24$

$8y=-24$

$y=-3$

$y=-3$ を①に代入して，

$x=3\times(-3)=-9$

(4) ②を①に代入して，

$8x-(x+12)=9$

$8x-x-12=9$

$7x=21$

$x=3$

$x=3$ を②に代入して，

$3y=3+12$

$3y=15$

$y=5$

4 (1) $x=2$, $y=1$　(2) $x=-6$, $y=8$

(3) $x=9$, $y=6$　(4) $x=5$, $y=-1$

解き方 (4)は加減法で解くのがよい。

上の式を①，下の式を②とする。

(1)〈加減法〉

②×3　$3x-15y=-9$　……③

①−③　$19y=19$, $y=1$

$y=1$ を②に代入して，

$x-5=-3$, $x=2$

〈代入法〉

②より　$x=5y-3$

これを①に代入して，

$3(5y-3)+4y=10$

$15y-9+4y=10$

$19y=19$, $y=1$

$y=1$ を②に代入して，$x=2$

(2)〈加減法〉

①×2　$4x+12y=72$　……③

③−②　$3y=24$, $y=8$

$y=8$ を①に代入して，

$2x+48=36$, $2x=-12$, $x=-6$

〈代入法〉

①より　$2x=-6y+36$

これを②に代入して，

$2(-6y+36)+9y=48$

$-12y+72+9y=48$

$-3y=-24$, $y=8$

$y=8$ を①に代入して，

$2x+48=36$, $2x=-12$, $x=-6$

(3)〈加減法〉

②より　$3x-2y=15$

これを2倍して，$6x-4y=30$　……③

①−③　$-3y=-18$, $y=6$

$y=6$ を②に代入して，$x=9$

〈代入法〉

②を①に代入して，

$2(2y+15)-7y=12$

$4y+30-7y=12$, $-3y=-18$, $y=6$

$y=6$ を②に代入して，

$3x=12+15$, $3x=27$, $x=9$

(4) ①×2　$-6x-10y=-20$　……③

②×3　$6x+9y=21$　……④

③+④　$-y=1$, $y=-1$

$y=-1$ を②に代入して，

$2x-3=7$, $2x=10$, $x=5$

5 (1) $x=-1$, $y=2$　(2) $x=5$, $y=-3$

(3) $x=1$, $y=-2$　(4) $x=-1$, $y=3$

解き方 かっこをはずして式を整理すると，それぞれ下のような連立方程式となる。これを加減法や代入法で解く。

上の式を①，下の式を②とする。

(1) ②より，$3x-6y=-15$　……③

①−③　$-2x=2$, $x=-1$

$x=-1$ を①に代入して，

$-1-6y=-13$

$-6y=-12$, $y=2$

(2) ①より，$x-2y=11$

$x=2y+11$　……③

②より，$2x-y=13$　……④

③を④に代入して，$2(2y+11)-y=13$

$4y+22-y=13$, $3y=-9$, $y=-3$

$y=-3$ を③に代入して，$x=-6+11=5$

別解 ①の式を整理して2倍した式と④から加減法で求めてもよい。

(3) ①より，$5x+3y=-1$　……③

②より，$-2x+3y=-8$　……④

③−④　$7x=7$, $x=1$

$x=1$ を③に代入して，$5+3y=-1$

$3y=-6$, $y=-2$

(4) ①より，$x+2y=5$

$x=-2y+5$　……③

②より，$7x+6y=11$　……④

③を④に代入して，

$7(-2y+5)+6y=11$

$-14y+35+6y=11$

$-8y=-24$, $y=3$

$y=3$ を③に代入して，$x=-6+5=-1$

別解 ①の式を整理して3倍した式と④の式から加減法で求めてもよい。

❻ (1) $x=-4$, $y=-7$　(2) $x=7$, $y=-3$
(3) $x=3$, $y=-2$　(4) $x=-5$, $y=3$
(5) $x=5$, $y=1$　(6) $x=7$, $y=-2$

解き方 係数を整数になおしてから解く。
上の式を①，下の式を②とする。

(1) ①×10　$10x-6y=2$　……③
②×5　$10x-5y=-5$　……④
③−④　$-y=7$, $y=-7$
$y=-7$ を②に代入して，
$2x+7=-1$
$2x=-8$, $x=-4$

(2) ①×10　$2x-3y=23$
これを 2 倍して，$4x-6y=46$　……③
②×10　$5x+6y=17$　……④
③+④　$9x=63$, $x=7$
$x=7$ を③に代入して，
$28-6y=46$
$-6y=18$, $y=-3$

(3) ②×6　$2x-3y=12$
これを 2 倍して，$4x-6y=24$　……③
①−③　$y=-2$
$y=-2$ を①に代入して，
$4x+10=22$
$4x=12$, $x=3$

(4) ①×10 より　$3x+5y=0$　……③
②×4 より　$-3x-y=12$　……④
③+④　$4y=12$, $y=3$
$y=3$ を③に代入して，
$3x+15=0$, $x=-5$
別解 ②の式を整理して $y=$〜 に式を変形してから，代入法で求めてもよい。

(5) ②×2　$x+y=6$　……③
①−③　$-2y=-2$, $y=1$
$y=1$ を①に代入して，$x-1=4$, $x=5$

(6) ①×12　$7x+8y=33$
これを 2 倍して，$14x+16y=66$　……③
②×10　$2x+3y=8$
これを 7 倍して，$14x+21y=56$　……④
③−④　$-5y=10$, $y=-2$
$y=-2$ を③に代入して，$14x-32=66$
$14x=98$, $x=7$

❼ (1) $x=2$, $y=-2$　(2) $x=6$, $y=-2$
(3) $x=-1$, $y=2$

解き方 (1)(2)の，$A=B=$(定数) の形の連立方程式は，
$\begin{cases} A=(\text{定数}) \\ B=(\text{定数}) \end{cases}$ として解いていく。

(1) $\begin{cases} 3x+2y=2 & \cdots\cdots① \\ 4x+3y=2 & \cdots\cdots② \end{cases}$
①×3　$9x+6y=6$　……③
②×2　$8x+6y=4$　……④
③−④　$x=2$
$x=2$ を①に代入して，
$6+2y=2$
$2y=-4$, $y=-2$

(2) $\begin{cases} 4x+5y=14 & \cdots\cdots① \\ 3x+2y=14 & \cdots\cdots② \end{cases}$
①×2　$8x+10y=28$　……③
②×5　$15x+10y=70$　……④
③−④　$-7x=-42$, $x=6$
$x=6$ を②に代入して，
$18+2y=14$
$2y=-4$, $y=-2$

(3) $\begin{cases} 8-3x=2x+5y+3 & \cdots\cdots① \\ 8-3x=-5x+3y & \cdots\cdots② \end{cases}$
①より，$-5x-5y=-5$
この式を y について解くと，
$y=-x+1$　……③
②より，$2x-3y=-8$　……④
③を④に代入して，
$2x-3(-x+1)=-8$
$2x+3x-3=-8$
$5x=-5$, $x=-1$
$x=-1$ を③に代入して，
$y=1+1=2$

別解 $\begin{cases} 8-3x=2x+5y+3 & \cdots\cdots① \\ 2x+5y+3=-5x+3y & \cdots\cdots② \end{cases}$
として連立方程式を解いてもよい。

2 連立方程式の利用

p.14-15 Step 2

❶ 50 円のガム… 6 個, 80 円のガム… 5 個

解き方 50 円のガムを x 個, 80 円のガムを y 個とすると,

$$\begin{cases} x+y=11 & \cdots\cdots① \\ 50x+80y=700 & \cdots\cdots② \end{cases}$$

①×5　$5x+5y=55$　……③

②÷10　$5x+8y=70$　……④

③−④　$-3y=-15$, $y=5$

$y=5$ を①に代入して,

$x+5=11$, $x=6$

これは問題に適している。

❷ パン 1 個…80 円, ジュース 1 本…120 円

解き方 パン 1 個を x 円, ジュース 1 本を y 円とすると,

$$\begin{cases} 4x+2y=560 & \cdots\cdots① \\ 5x+5y=1000 & \cdots\cdots② \end{cases}$$

①÷2　$2x+y=280$　……③

②÷5　$x+y=200$　……④

③−④　$x=80$

$x=80$ を①に代入して,

$320+2y=560$, $y=120$

これは問題に適している。

❸ 86

解き方 もとの自然数の十の位の数を x, 一の位の数を y とすると, もとの自然数は $10x+y$, 十の位の数と一の位の数を入れかえた自然数は, $10y+x$ と表せる。

$$\begin{cases} x+y=14 & \cdots\cdots① \\ 10x+y-18=10y+x & \cdots\cdots② \end{cases}$$

②より, $9x-9y=18$

これを 9 で割ると, $x-y=2$　……③

①−③　$2y=12$, $y=6$

$y=6$ を①に代入して,

$x+6=14$, $x=8$

これは問題に適している。

❹ A 1 個…70 g, B 1 個…50 g

解き方 A 1 個の重さを x g, B 1 個の重さを y g とすると,

$$\begin{cases} 5x+4y=550 & \cdots\cdots① \\ 3x+5y=460 & \cdots\cdots② \end{cases}$$

①×3　$15x+12y=1650$　……③

②×5　$15x+25y=2300$　……④

③−④　$-13y=-650$, $y=50$

$y=50$ を①に代入して,

$5x+200=550$

$5x=350$, $x=70$

これは問題に適している。

❺ A 市から峠… 6 km, 峠から B 市… 8 km

解き方 A 市から峠までを x km, 峠から B 市までを y km とすると,

$$\begin{cases} x+y=14 & \cdots\cdots① \\ \dfrac{x}{3}+\dfrac{y}{4}=4 & \cdots\cdots② \end{cases}$$

①×3　$3x+3y=42$　……③

②×12　$4x+3y=48$　……④

③−④　$-x=-6$, $x=6$

$x=6$ を①に代入して,

$6+y=14$, $y=8$

これは問題に適している。

別解 A 市から峠までにかかった時間を x 時間, 峠から B 市までにかかった時間を y 時間として考えることもできる。

$$\begin{cases} x+y=4 & \cdots\cdots① \\ 3x+4y=14 & \cdots\cdots② \end{cases}$$

①×3　$3x+3y=12$　……③

②−③　$y=2$

$y=2$ を①に代入して,

$x+2=4$, $x=2$

これは問題に適している。

注 A 市から峠までの道のりは, $3\times2=6$(km), 峠から B 市までの道のりは, $4\times2=8$(km)

❻ (1) $x+y=465$,

$0.95x+1.08y=471$

(2) 男子…240 人，女子…225 人

(3) 男子…228 人，女子…243 人

解き方 これは求めたい以外のものを x，y とおいて解いた方が解きやすい問題である。

(1) 今年の男子の生徒数は昨年より 5％減ったので，

$(1-0.05)x=0.95x$

今年の女子の生徒数は昨年より 8％増えたので，

$(1+0.08)y=1.08y$

(2) $\begin{cases} x+y=465 & \cdots\cdots① \\ 0.95x+1.08y=471 & \cdots\cdots② \end{cases}$

①×95　$95x+95y=44175$　……③

②×100　$95x+108y=47100$　……④

③−④　$-13y=-2925$，$y=225$

$y=225$ を①に代入して，

$x+225=465$，$x=240$

これは問題に適している。

(3) 求められているのは今年の男女の生徒数なので，

男子は $0.95\times240=228$(人)，

女子は $1.08\times225=243$(人)

❼ 男子…338 人，女子…357 人

解き方 昨年の男子の生徒数を x 人，女子の生徒数を y 人とすると，

今年の男子の生徒数は昨年より 4％増えたので，

$(1+0.04)x=1.04x$(人)，今年の女子の生徒数は昨年より 5％増えたので，$(1+0.05)y=1.05y$(人)と表せる。

$\begin{cases} x+y=665 & \cdots\cdots① \\ 1.04x+1.05y=665+30 & \cdots\cdots② \end{cases}$

①×104　$104x+104y=69160$　……③

②×100　$104x+105y=69500$　……④

③−④　$-y=-340$，$y=340$

$y=340$ を①に代入して，

$x+340=665$，$x=325$

これは問題に適している。

今年の男子の生徒数は，$325\times1.04=338$(人)

　　女子の生徒数は，$340\times1.05=357$(人)

❽ 姉…5000 円，妹…4000 円

解き方 最初の姉の所持金を x 円，妹の所持金を y 円とすると，

残りの姉の所持金は，$\left(1-\frac{90}{100}\right)x=\frac{10}{100}x$(円)，

残りの妹の所持金は，$\left(1-\frac{80}{100}\right)y=\frac{20}{100}y$(円)と表せる。

$\begin{cases} \frac{90}{100}x+\frac{80}{100}y=7700 & \cdots\cdots① \\ \frac{20}{100}y-\frac{10}{100}x=300 & \cdots\cdots② \end{cases}$

①×10　$9x+8y=77000$　……③

②×40　$-4x+8y=12000$　……④

③−④　$13x=65000$，$x=5000$

$x=5000$ を③に代入して，

$45000+8y=77000$

$8y=32000$，$y=4000$

これは問題に適している。

別解 小数の式で求めてもよい。

$90\%=0.9$，$80\%=0.8$

残りの姉の所持金は，$(1-0.9)x=0.1x$(円)，残りの妹の所持金は，$(1-0.8)y=0.2y$(円)と表せる。

$\begin{cases} 0.9x+0.8y=7700 \\ 0.2y-0.1x=300 \end{cases}$

これを解くと，$x=5000$，$y=4000$

p.16-17 Step 3

❶ ㋑

❷ (1) $x=\frac{2}{3}$, $y=4$ (2) $x=-1$, $y=-2$

(3) $x=2$, $y=1$ (4) $x=2$, $y=1$

❸ (1) $x=9$, $y=10$ (2) $x=-1$, $y=3$

(3) $x=-5$, $y=3$ (4) $x=10$, $y=-8$

(5) $x=7$, $y=2$

❹ $a=1$, $b=-3$

❺ 男子…208 人　女子…294 人

❻ 43

❼ 平地…7.5 km　登り坂…4.5 km

解き方

❶ $x=-2$, $y=5$ を，まず上の式の左辺に代入して，右辺と同じ数になるかどうかを確かめる。同じならば下の式でも確かめてみる。

❷ (3)は代入法で，それ以外は加減法で解くことができる。ただ，(1)は $3x=2y-6$, (4)は $x=-y+3$ と変形すると，代入法でも求められるので，自分の得意な解き方を決めておくとミスが少なくなる。

(4) $\begin{cases} 3x-2y=4 & \cdots\cdots① \\ x+y=3 & \cdots\cdots② \end{cases}$

加減法で解くと，

$$\begin{array}{lrl} ① & 3x-2y &= 4 \\ ②\times 2 & +)\ 2x+2y &= 6 \\ \hline & 5x \quad\quad &= 10 \quad x=2 \end{array}$$

$x=2$ を②に代入して，$y=1$

代入法で解くと，②より，$x=-y+3$ ……③

③を①に代入して，$3(-y+3)-2y=4$

$-3y+9-2y=4$, $-5y=-5$, $y=1$

$y=1$ を③に代入して，$x=-1+3=2$

❸ (1)(2)はかっこをはずして式を整理すると，

(1) $\begin{cases} 2x+2y=38 \\ -2x+5y=32 \end{cases}$　(2) $\begin{cases} 7x+6y=11 \\ x+2y=5 \end{cases}$

(3) 10 倍して係数を整数になおすと，

$\begin{cases} 2x+7y=11 \\ 6x-y=-33 \end{cases}$

(4) 分母をはらって係数を整数になおすと，

$\begin{cases} 2x+5y=-20 \\ 4x-y=48 \end{cases}$

(5) $\begin{cases} 3(x+y)=27 \\ x-4(y-x)=27 \end{cases}$ を整理して，

$\begin{cases} x+y=9 \\ 5x-4y=27 \end{cases}$ を解く。

❹ $x=2$, $y=-1$ を連立方程式に代入すると，

$\begin{cases} 2a-b=5 & \cdots\cdots① \\ 2a+b=-1 & \cdots\cdots② \end{cases}$

a, b についての①，②の連立方程式を解くと，

①＋②より，$4a=4$, $a=1$

$a=1$ を①に代入して，$b=-3$

❺ 昨年の男子の生徒数を x 人，女子の生徒数を y 人とすると，$\begin{cases} x+y=500 & \cdots\cdots① \\ 1.04x+0.98y=502 & \cdots\cdots② \end{cases}$

100 倍して②の係数を整数になおすと，

$104x+98y=50200$ ……③

①と③の連立方程式を解くと，$x=200$, $y=300$

これは問題に適している。

今年の男子の数は，$1.04\times200=208$(人)

女子の数は，$0.98\times300=294$(人)

❻ もとの自然数の十の位の数を x，一の位の数を y とすると，もとの自然数は $10x+y$

十の位の数と一の位の数を入れかえた自然数は，$10y+x$ と表せる。

$\begin{cases} 10x+y=5(x+y)+8 & \cdots\cdots① \\ 10x+y-9=10y+x & \cdots\cdots② \end{cases}$

これを整理すると，$\begin{cases} 5x-4y=8 & \cdots\cdots③ \\ x-y=1 & \cdots\cdots④ \end{cases}$

③と④の連立方程式を解くと，$x=4$, $y=3$

よって，もとの自然数は 43 となり，

これは問題に適している。

❼ 平地の部分の道のりを x km，登り坂の部分の道のりを y km とすると，

$\begin{cases} x+y=12 & \cdots\cdots① \\ \frac{x}{5}+\frac{y}{3}=3 & \cdots\cdots② \end{cases}$

②の分母をはらうと，$3x+5y=45$ ……③

①と③の連立方程式を解くと，$x=7.5$, $y=4.5$

よって，平地は 7.5 km，登り坂は 4.5 km。

これは問題に適している。

3章　1次関数

1　1次関数

p.19-21　**Step 2**

❶ ㋐ $y=60x$　　㋑ $y=x^2$

㋒ $y=\dfrac{24}{x}$　　㋓ $y=200-x$

1次関数であるのは……㋐，㋓

解き方 ㋒ $xy=24$ より，$y=\dfrac{24}{x}$ と表す。

㋐は比例の式 $y=60x$ であるが，$y=ax+b$ の $b=0$ の場合で，1次関数である。

❷ (1) 15　　(2) $\dfrac{5}{2}$　　(3) -5

解き方 (1) $x=-2$ のとき $y=-7$，$x=3$ のとき $y=8$

y の増加量は $8-(-7)=15$

(2) $x=-2$ のとき $y=3$，$x=3$ のとき $y=\dfrac{11}{2}$

y の増加量は $\dfrac{11}{2}-3=\dfrac{5}{2}$

(3) $x=-2$ のとき $y=-2$，$x=3$ のとき $y=-7$

y の増加量は $-7-(-2)=-5$

❸ (1) -3　　(2) $\dfrac{1}{3}$　　(3) 4

解き方 $(変化の割合)=\dfrac{(y の増加量)}{(x の増加量)}=a$

❹ (1) $\dfrac{2}{3}$　　(2) 6　　(3) -18

解き方 (1) 変化の割合は，x と y の増加量に関係なく，一定である。

(2) $\dfrac{(y の増加量)}{9}=\dfrac{2}{3}$ より，$\dfrac{2}{3}\times9=6$

(3) $\dfrac{-12}{(x の増加量)}=\dfrac{2}{3}$ より，$-12\times\dfrac{3}{2}=-18$

❺ (1)

x	…	-3	-2	-1	0	1	2	3	…
y	…	-11	-8	-5	-2	1	4	7	…

(2) 右の図

(3) 2，平行

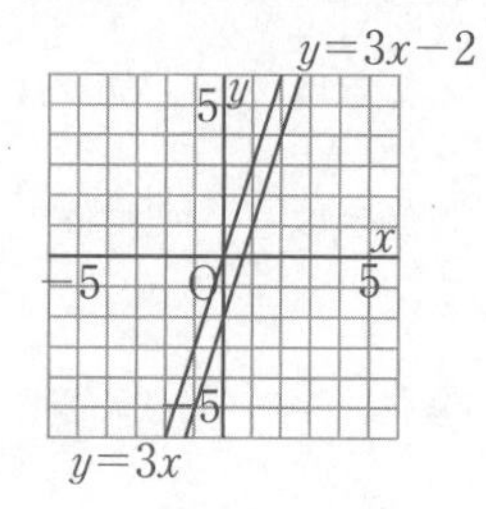

解き方 変化の割合が同じだから直線は平行になる。

❻ (1) 傾き 3，切片 -1　(2) 傾き $-\dfrac{4}{3}$，切片 0

解き方 傾きは変化の割合と同じことで，切片は y 軸上の y 座標の値である。

❼ (1) ㋐ 2　㋑ 2

㋒ 1　㋓ 4

(2) ㋐ 2　㋑ -1

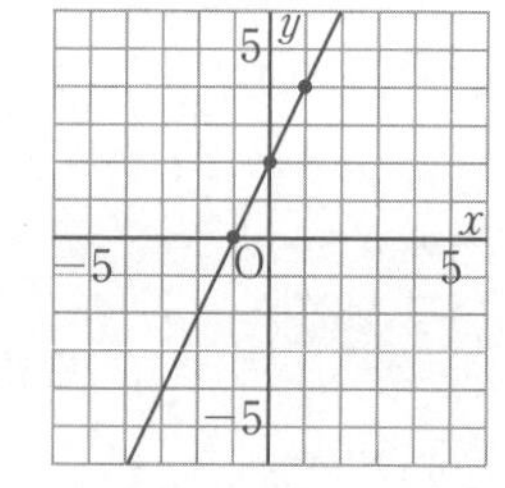

解き方 傾きが正の数より，右上がりの直線となる。

❽

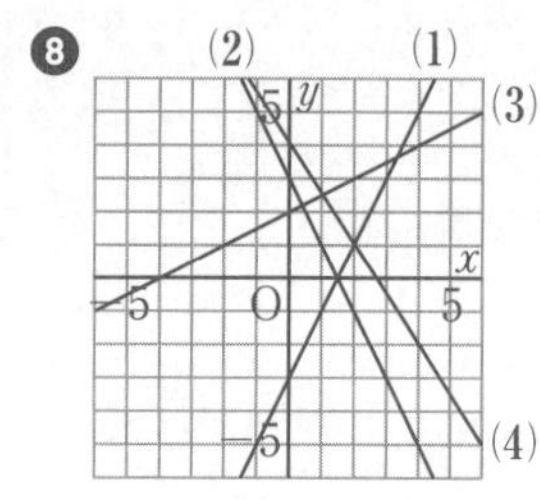

解き方 (4) $y=-1.5x+4$ で，-1.5 を分数で表すと $-\dfrac{3}{2}$ から，

$y=-\dfrac{3}{2}x+4$ のグラフとなる。

❾ (1) $-6\leqq y\leqq2$

(2) $2\leqq y\leqq6$

(3) $-6\leqq y\leqq0$

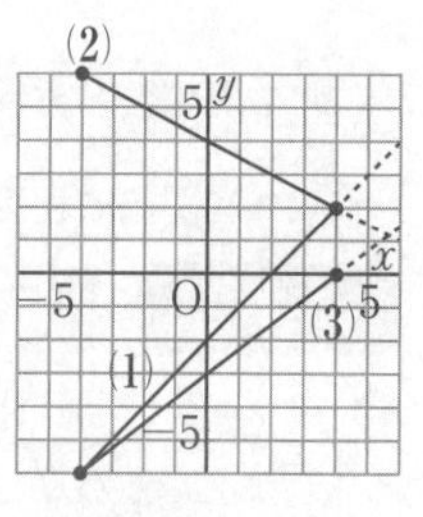

解き方 (1) $x=-4$ のとき

$y=-4-2=-6$

$x=4$ のとき $y=4-2=2$

(2) $x=-4$ のとき $y=-\dfrac{1}{2}\times(-4)+4=6$

$x=4$ のとき $y=-\dfrac{1}{2}\times4+4=2$

(3) $x=-4$ のとき $y=\dfrac{3}{4}\times(-4)-3=-6$

$x=4$ のとき $y=\dfrac{3}{4}\times4-3=0$

▶ 本文 p.21,23-24

⑩ (1) $y=-x-2$

(2) $y=-\dfrac{3}{4}x+3$　　(3) $y=\dfrac{3}{2}x+1$

解き方 (1) 傾きは -1，切片は -2

(2) 傾きは $-\dfrac{3}{4}$，切片は 3

(3) 傾きは $\dfrac{3}{2}$，切片は 1

⑪ (1) $y=-\dfrac{3}{2}x+2$　　(2) $y=2x$

(3) $y=x+3$　　(4) $y=2x-2$

解き方 (1) $y=-\dfrac{3}{2}x+b$ に，$x=-2$，$y=5$ を代入して b を求める。

$5=-\dfrac{3}{2}\times(-2)+b$ より，$b=2$

(2) $y=2x+b$ に，$x=1$，$y=2$ を代入して，

$2=2+b$ より，$b=0$

(3) $y=ax+b$ とおいて，2 点の座標を代入して，a，b を求める。

$\begin{cases}4=a+b\\6=3a+b\end{cases}$ の連立方程式を解くと，

$a=1$，$b=3$

(4) $y=ax+b$ とおいて，2 点の座標を代入して，a，b を求める。

$\begin{cases}-4=-a+b\\2=2a+b\end{cases}$ の連立方程式を解くと，

$a=2$，$b=-2$

別解 (3)(4)は 2 点から変化の割合を求めて，(1)(2)のように解いてもよい。

2 1 次関数と方程式

3 1 次関数の利用

p.23-25　**Step 2**

❶

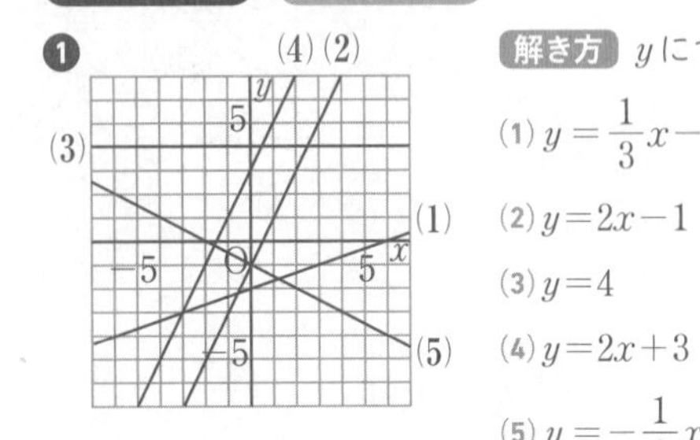

解き方 y について解く。

(1) $y=\dfrac{1}{3}x-2$

(2) $y=2x-1$

(3) $y=4$

(4) $y=2x+3$

(5) $y=-\dfrac{1}{2}x-1$

❷ (1) ㋑　(2) ㋓　(3) ㋔　(4) ㋐

解き方 (1)～(3)について，$y=ax+b$ の形になおしてみると，

(1) $y=-\dfrac{1}{3}x-2$　(2) $y=3x-5$

(3) $y=\dfrac{3}{2}x$　(4) x 軸に平行な直線となる。

❸ (1) $x=3$，$y=-2$

(2) $x=-2$，$y=-1$

解き方 $y=ax+b$ の形に変形すると，

(1) $\begin{cases}y=-2x+4 & \cdots\cdots① \\ y=-\dfrac{1}{3}x-1 & \cdots\cdots②\end{cases}$

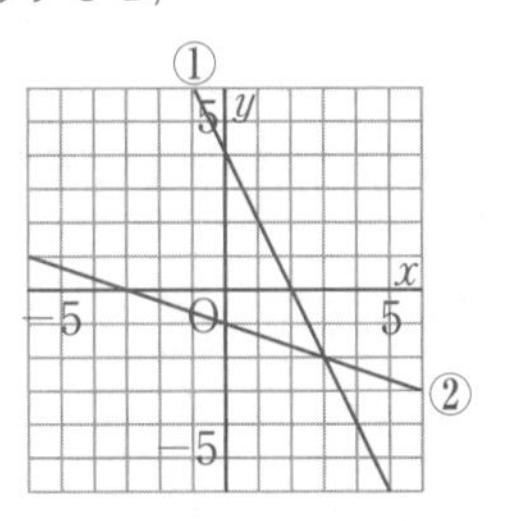

グラフは右の図。

交点の座標は

$(3,\ -2)$ より，

$x=3$，$y=-2$

(2) $\begin{cases}y=3x+5 & \cdots\cdots① \\ y=-\dfrac{1}{2}x-2 & \cdots\cdots②\end{cases}$

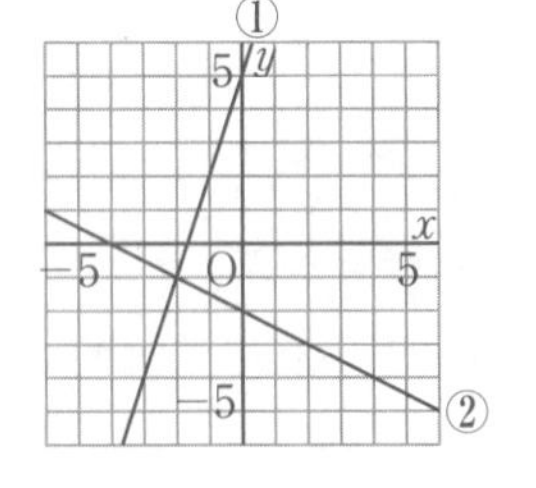

グラフは右の図。

交点の座標は

$(-2,\ -1)$ より，

$x=-2$，$y=-1$

❹ (1)

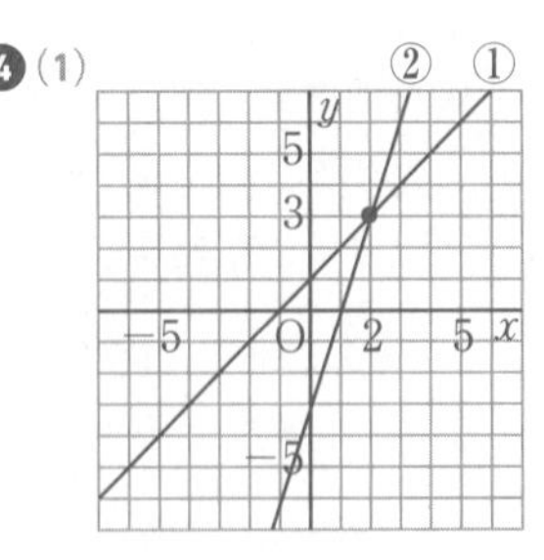

(2) $x=2$，$y=3$

(3) $x=2$，$y=3$ となる。

解き方 (2) (1)のグラフの交点の座標は $(2,\ 3)$ だから，解は $x=2$，$y=3$

(3) $\begin{cases}x-y+1=0 & \cdots\cdots① \\ 3x-y-3=0 & \cdots\cdots②\end{cases}$

②－①より，$2x=4$，$x=2$

①に代入して，$2-y+1=0$，$y=3$

5 (1) $y=2x-3$　　(2) $y=-\dfrac{4}{3}x+4$

(3) $\left(\dfrac{21}{10},\ \dfrac{6}{5}\right)$

解き方 (1) 切片は -3 で，右へ 1，上へ 2 進むから傾きは 2 となる。右上がりの直線だから，傾きは正となることに注意する。

(2) 切片は 4 で，右へ 3，下へ 4 進むから傾きは $-\dfrac{4}{3}$ となる。

(3) $\begin{cases} y=2x-3 & \cdots\cdots① \\ y=-\dfrac{4}{3}x+4 & \cdots\cdots② \end{cases}$

この連立方程式を解くと，$x=\dfrac{21}{10}$，$y=\dfrac{6}{5}$ だから，

①，②の交点の座標は $\left(\dfrac{21}{10},\ \dfrac{6}{5}\right)$ となる。

6 (1) 式…$y=-\dfrac{1}{4}x+10$　変域…$0 \leqq x \leqq 40$

(2) 4 km

解き方 (1) 求めるグラフの切片は 10，傾きは右下がりだから，$-\dfrac{10}{40}=-\dfrac{1}{4}$

グラフは x の範囲が 0 から 40 の間の直線となるから，変域は $0 \leqq x \leqq 40$ となる。

(2) (1)の式に $x=24$ を代入して，

$y=-\dfrac{1}{4}\times 24+10=4$(km)

7 (1) ① 変域…$0 \leqq x \leqq 3$
式…$y=3x$
② 変域…$3 \leqq x \leqq 9$
式…$y=9$
③ 変域…$9 \leqq x \leqq 12$
式…$y=-3x+36$

(2)

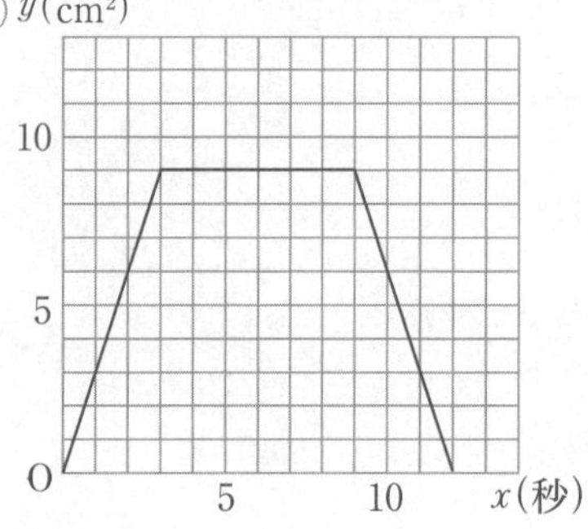

(3) 2 秒後と 10 秒後

解き方 (1)① CD＝3 cm だから，

$0 \leqq x \leqq 3$ では，

$y=\dfrac{1}{2}\times \mathrm{BC}\times \mathrm{CP}=\dfrac{1}{2}\times 6\times x=3x$

② CD＋DA＝9(cm)だから，

$3 \leqq x \leqq 9$ では，

$y=\dfrac{1}{2}\times \mathrm{BC}\times \mathrm{CD}=\dfrac{1}{2}\times 6\times 3=9$

③ CD＋DA＋AB＝12(cm)だから，

$9 \leqq x \leqq 12$ では，$\mathrm{BP}=12-x$

$y=\dfrac{1}{2}\times \mathrm{BC}\times \mathrm{BP}=\dfrac{1}{2}\times 6\times (12-x)=36-3x$

(2) (1)の①～③のグラフを，x の変域に注意しながら結んでいく。

①のグラフは，$x=0$ のとき $y=0$

$x=3$ のときは $y=3x$ に代入して $y=3\times 3=9$

②のグラフは，$3 \leqq x \leqq 9$ のとき $y=9$

③のグラフは，$x=9$ のとき $y=9$

$x=12$ のときは $y=0$

以上により，(0，0)，(3，9)，(9，9)，(12，0) の点を順に結ぶ線分となる。

(3) (1)の①，③に $y=6$ を代入すると，

①より，$6=3x$，$x=2$

③より，$6=-3x+36$，$x=10$

または，(2)のグラフから y 軸の 6 の座標とグラフの交点を求めてもよい。

8 (1) $y=\dfrac{2}{5}x$　　(2) 時速 24 km

(3) 20 分

解き方 (1) 傾きは，右へ 25 進んで，上へ 10 進んだ点から，$\dfrac{10}{25}=\dfrac{2}{5}$

切片は 0 だから，$y=\dfrac{2}{5}x$

(2) 時速は 1 時間あたりの進む距離である。(1)の式で，x は分だから 1 時間＝60 分進む道のりは，

$y=\dfrac{2}{5}\times 60=24$

(3) 時速 30 km は分速では $\dfrac{30}{60}=\dfrac{1}{2}$(km) である。

(進んだ道のり)＝(速さ)×(時間) であるから，かかった時間を x 分とすると，

$10=\dfrac{1}{2}\times x$，$x=20$(分)

p.26-27 Step 3

❶ (1) -2 (2) -3 (3) -12

❷ (1) $y=\frac{2}{3}x-3$ (2) $y=-\frac{1}{2}x-4$

(3) $y=\frac{5}{4}x+\frac{3}{4}$

❸

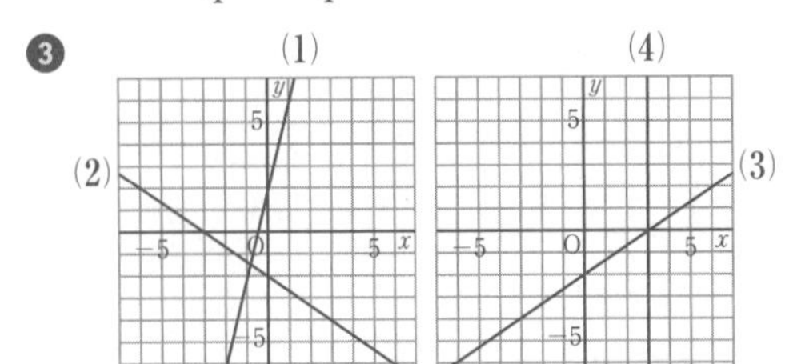

❹ (1) $y=-x+1$ (2) $y=2x+5$ (3) $\left(-\frac{4}{3},\ \frac{7}{3}\right)$

❺ (1) $x=3$，$y=-2$ (2) $x=2$，$y=0$

❻ (1) A さん…$y=\frac{2}{5}x$　父…$y=-\frac{4}{5}x+24$

(2) 8 時 20 分に，家から 8 km の地点

解き方

❶ 1 次関数 $y=ax+b$ で，b は切片，a は変化の割合を表す。

(3) $\frac{(y\text{の増加量})}{4}=-3$ より，

$(y\text{の増加量})=-3\times4=-12$

❷ (2) $y=-\frac{1}{2}x+b$ とおいて，$x=-2$，$y=-3$ を代入して，b を求めると，

$-3=-\frac{1}{2}\times(-2)+b$，$b=-4$

(3) $y=ax+b$ とおいて，2 点の座標を代入して，

$\begin{cases}-3=-3a+b\\7=5a+b\end{cases}$ の連立方程式を解く。

$a=\frac{5}{4}$，$b=\frac{3}{4}$

❸ (1) y 軸上の点 $(0,\ 2)$ から右へ 1，上へ 4 進んだ点を決めて，切片の座標と結ぶ。

(2) y 軸上の点 $(0,\ -2)$ から右へ 3，下へ 2 進んだ点を決めて，切片の座標と結ぶ。

(3) y について変形すると，$y=\frac{2}{3}x-2$

(3)のグラフは，(2)のグラフと傾きの符号がちがう。

(4) $x=a$ のグラフは，y 軸に平行な直線となる。

❹ (1) 切片が 1 で，右へ 1，下へ 1 進んでいる点から，傾きは -1 となる。

(2) 切片が 5 で，左へ 2，下へ 4 進んでいる点から，傾きは 2 となる。

(3) $\begin{cases}y=-x+1 & \cdots\cdots①\\y=2x+5 & \cdots\cdots②\end{cases}$ この連立方程式を解く。

$-x+1=2x+5$ より，$3x=-4$，$x=-\frac{4}{3}$

①に代入して，$y=-\left(-\frac{4}{3}\right)+1=\frac{7}{3}$

❺ (1) $\begin{cases}-x+1=y & \cdots\cdots①\\2x+y=4 & \cdots\cdots②\end{cases}$

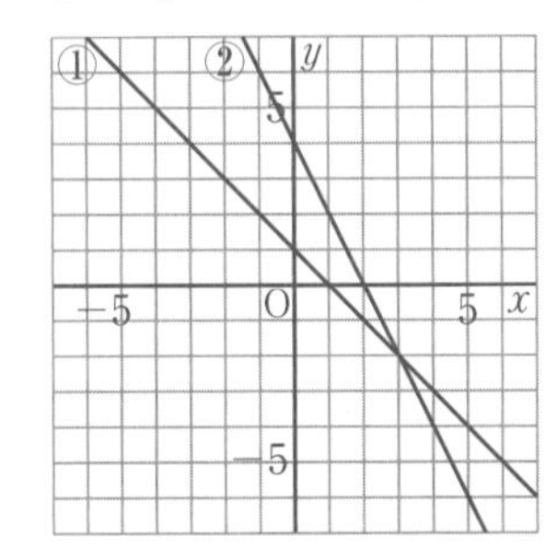

(2) $\begin{cases}3x-y-6=0 & \cdots\cdots③\\x-2y-2=0 & \cdots\cdots④\end{cases}$

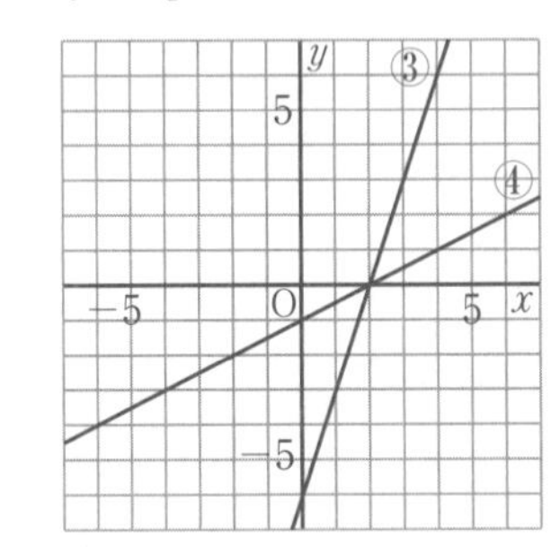

❻ (1) A さん…$y=\frac{12}{30}x=\frac{2}{5}x$

父…傾きは $\frac{0-12}{30-15}=-\frac{12}{15}=-\frac{4}{5}$

$y=-\frac{4}{5}x+b$ とおいて，点 $(30,\ 0)$ を通るから

$0=-\frac{4}{5}\times30+b$，$b=24$

(2) $\begin{cases}y=\frac{2}{5}x & \cdots\cdots①\\y=-\frac{4}{5}x+24 & \cdots\cdots②\end{cases}$

の連立方程式の解から求める。

この連立方程式を解くと，$x=20$，$y=8$

$x=20$ は時間(分)を，$y=8$ は距離を表す。

4章 図形の性質と合同

1 平行線と角

p.29-30 Step 2

❶ (1) 55°　(2) 45°　(3) 180°

解き方 (2) $\angle x$，z は対頂角からすぐ求められるから，
$\angle y=180°-(80°+55°)=45°$

❷ (1) $\angle x=135°$　(2) $\angle x=55°$　(3) $\angle x=30°$

解き方 (1) $\angle x=180°-45°=135°$
(3) $\angle x=180°-150°=30°$

❸ (1) $\angle x=50°$，$\angle y=75°$
(2) $\angle x=65°$，$\angle y=40°$
(3) $\angle x=45°$，$\angle y=75°$

解き方 (1) $\angle x=180°-130°=50°$
$\angle y=180°-(50°+55°)=75°$
(2) $\angle y=180°-(75°+65°)=40°$
(3) $\angle y=180°-(45°+60°)=75°$

❹ (1) $\angle x=110°$　(2) $\angle x=130°$　(3) $\angle x=55°$

解き方 (1) $\angle x=35°+75°=110°$
(2) $\angle x=105°+25°=130°$
(3) 三角形の内角の和は 180° で，対頂角は等しいことから，2 つの角の和は等しくなる。
$80°+40°=65°+\angle x$
$\angle x=80°+40°-65°=55°$

❺ (1) $\angle x=60°$，鋭角三角形
(2) $\angle x=95°$，鈍角三角形
(3) $\angle x=90°$，直角三角形

解き方 x の大きさを求めて，90° より小さいか大きいか等しいかで判定する。
(1) $\angle x=180°-(80°+40°)=60°<90°$
(2) $\angle x=180°-(65°+20°)=95°>90°$
(3) $\angle x=180°-(35°+55°)=90°$

❻ (1) $\angle x=40°$　(2) $\angle x=70°$　(3) $\angle x=35°$

解き方 (1) $\angle x=110°-70°=40°$
(2) $\angle x=25°+45°=70°$
(3) $\angle x=70°-35°=35°$

❼ (1) 十角形　(2) 135°
(3) 正十二角形

解き方 (1) n 角形とすると，
$180°\times(n-2)=1440°$
これを解くと，$n=10$
(2) 正八角形の内角の和は，
$180°\times(8-2)=1080°$
1 つの内角の大きさは，
$1080°\div8=135°$
(3) 多角形の外角の和は 360° だから，1 つの外角は 30° より，$360°\div30°=12$

❽ (1) $\angle x=101°$　(2) $\angle x=100°$

解き方 多角形の内角や外角の問題では，内角の和や外角の和 360° からのどちらでも求められる。
(1) 72° の内角は 108°，x の内角は $180°-\angle x$ より，
$98°+108°+75°+180°-\angle x=360°$
$\angle x=98°+108°+75°+180°-360°$
$\angle x=101°$
(2) 外角の和は 360° だから，115° の外角は 65°，$\angle x$ の外角は $180°-\angle x$ より，
$70°+180°-\angle x+85°+65°+60°=360°$
$\angle x=70°+180°+85°+65°+60°-360°$
$\angle x=100°$

2 三角形の合同

3 証明

p.32-33 Step 2

❶ (1) 辺 DE　(2) $\angle$E　(3) 50°

解き方 $\triangle ABC\equiv\triangle DEF$ のときのアルファベットの書き順は対応する順に書くので，点 A は点 D，点 B は点 E，点 C は点 F に対応している。
(3) $\angle E=\angle B=60°$ だから，
$\angle D=180°-(70°+60°)=50°$

▶ 本文 p.32-33

❷ ㋐と㋕
条件… 1 組の辺とその両端の角がそれぞれ等しい。
㋑と㋓
条件… 2 組の辺とその間の角がそれぞれ等しい。
㋒と㋔
条件… 3 組の辺がそれぞれ等しい。

解き方 ㋐の三角形を見て，1 組の辺とその両端の角が等しい図を見つけていくと，㋕と同じことがわかる。㋑は 2 組の辺とその間の角が等しい図を見つけていくと，㋓と同じことがわかる。残った㋒と㋔が合同かどうかを確かめておくことに注意する。

❸ (1) △ACE と △BCD
(2) 2 組の辺とその間の角がそれぞれ等しい。

解き方 (1) 正三角形の 3 辺の長さが等しいことと，角の大きさも 3 つ等しいことに着目する。
(2) △ACE と △BCD において，
△ABC と △DCE は正三角形だから，
AC＝BC ……①
CE＝CD ……②
∠ACE＝∠ACD＋∠DCE＝∠ACD＋60°
∠BCD＝∠BCA＋∠ACD＝60°＋∠ACD
よって，∠ACE＝∠BCD ……③
①，②，③より，2 組の辺とその間の角がそれぞれ等しいから △ACE≡△BCD

❹ ㋐ ∠DAC　㋑ ∠DCA　㋒ AB
㋓ AD　㋔ 1 組の辺とその両端の角
㋕ △ADC
㋖ 合同な図形では対応する辺の長さ
㋗ AD

解き方 □ をうめながら，証明のしかたを見る問題である。仮定からすじ道をたてて結論を導きだしていくことが証明である。証明のはじまりが仮定でおわりが結論となるから，きちんと分類しておくことが大切である。

❺ △ABC と △DCB において，
仮定から　AB＝DC ……①
　　　　　AC＝DB ……②
共通な辺であるから　BC＝CB ……③
①，②，③より，3 組の辺がそれぞれ等しいから △ABC≡△DCB

解き方 仮定は，AB＝DC，AC＝DB
結論は，△ABC≡△DCB である。

❻ (1) △OBC
〔証明〕△OAD と △OBC において，
仮定から　OA＝OB ……①
　　　　　OD＝OC ……②
共通な角であるから
　∠AOD＝∠BOC ……③
①，②，③より，2 組の辺とその間の角がそれぞれ等しいから △OAD≡△OBC
(2) △ACE と △BDE において，
(1)より，合同な図形では対応する角の大きさは等しいから ∠A＝∠B ……①
　∠OCB＝∠ODA
∠ACE＝180°－∠OCB，
∠BDE＝180°－∠ODA
よって，∠ACE＝∠BDE ……②
仮定より，OA＝OB，OC＝OD だから，
　OA－OC＝OB－OD
よって，AC＝BD ……③
①，②，③より，1 組の辺とその両端の角がそれぞれ等しいから △ACE≡△BDE

解き方 (1) 仮定は，OA＝OB，OC＝OD
結論は，△OAD≡△OBC である。
(2) (1)で △OAD≡△OBC が証明されたから，合同な図形では対応する辺や角が等しくなるので，それを利用している。
もし(1)の問題がない場合は，△OAD≡△OBC を証明してから利用しなくてはならない。

p.34-35 Step 3

❶ (1) $80°$　(2) $a /\!/ c$，$b /\!/ d$　(3) $26°$

❷ (1) $\angle x=50°$, $\angle y=130°$

(2) $\angle x=45°$, $\angle y=120°$

(3) $\angle x=80°$, $\angle y=55°$

❸ (1) $80°$　(2) $85°$

❹ ㋐，㋓，㋔

❺ (1) $2340°$　(2) 七角形　(3) $144°$　(4) 正八角形

❻ $65°$

❼ △DBM と △EMC において，

AB∥EM で，同位角が等しいから，

∠DBM＝∠EMC　……①

AC∥DM で，同位角が等しいから，

∠DMB＝∠ECM　……②

点 M は，辺 BC の中点だから，

BM＝MC　……③

①，②，③より，1 組の辺とその両端の角がそれぞれ等しいから △DBM≡△EMC

解き方

❶ 2 直線に 1 つの直線が交わってできる同位角や錯角が等しければ，この 2 直線は平行になるので，等しい同位角や錯角を見い出す。

(1) 三角形の 1 つの外角は，それととなり合わない 2 つの内角の和であるから，三角形の角に注目する。$\angle x=26°+54°=80°$

(2) 直線 a と c で，同位角が $80°$ で等しい。

直線 ℓ と d の交わる角 $126°$ の外角は，

$180°-126°=54°$

直線 b と d は，同位角が $54°$ で等しい。

(3) 直線 b と c が交わってできる小さい方の角を $\angle y$ とすると，$\angle y=80°-54°=26°$

別解 $a /\!/ c$ に直線 b が交わるので，同位角は等しいことから $26°$ になる。

❷ 2 直線が平行ならば，同位角や錯角が等しいから，まず等しい角を見つける。

(1) $\angle x$ は同位角より $50°$，$\angle y=180°-50°=130°$

(2) $\angle x$ は錯角より $45°$，$\angle y=45°+75°=120°$

(3) $\angle x$，$\angle y$ は，三角形の 1 つの外角は，それととなり合わない 2 つの内角の和に等しいことより求められる。$\angle x=42°+38°=80°$

$\angle y=80°-25°=55°$

❸ n 角形の内角の和は，$180°\times(n-2)$，外角の和は $360°$ より求めていく。

(1) 五角形の内角の和は，

$180°\times(5-2)=540°$

$45°$ の内角は，$180°-45°=135°$

$60°$ の内角は，$180°-60°=120°$

$85°+120°+120°+\angle x+135°=540°$

$\angle x=80°$

(2) 六角形の外角の和は $360°$ だから，

$\angle x+70°+40°+60°+70°+35°=360°$

$\angle x=85°$

❹ ㋐ 3 組の辺による合同条件である。

㋑ 形は同じだが，大きさがちがうものがある。

㋒ 形のちがう 2 つの三角形ができることもある。

㋓ ∠A＝∠D，∠B＝∠E より，残りの角は等しいから，∠C＝∠F がわかる。

1 組の辺とその両端の角による合同条件である。

㋔ 2 組の辺とその間の角による合同条件である。

❺ n 角形の内角の和は，$180°\times(n-2)$，外角の和は $360°$ より求めていく。

(1) $180°\times(15-2)=2340°$

(2) n 角形とすると，$180°\times(n-2)=900°$

$n-2=5$，$n=7$

(3) 正十角形の内角の和は，$180°\times(10-2)=1440°$

$1440°\div10=144°$

(4) 外角の和は $360°$ だから，$360°\div45°=8$

❻ △ABC で，∠A と ∠C の外角の和は，

$360°-(180°-50°)=230°$

$\angle DAC+\angle DCA=230°\div2=115°$

よって，$\angle ADC=180°-115°=65°$

❼ 平行線の性質より，「2 直線が平行ならば同位角が等しい」ことから，

∠DBM＝∠EMC，∠DMB＝∠ECM

を導く。

また，点 M が辺 BC の中点であるから，

BM＝MC

1 組の辺とその両端の角による合同を証明する。

5章 三角形と四角形

1 三角形

p.37-39 Step 2

❶ (1) $\angle x=55°$　(2) $\angle x=110°$　(3) $\angle x=36°$

解き方 (2) 底角は $(180°-40°)\div2=70°$ より,
$\angle x=180°-70°=110°$
または, 三角形の1つの外角は, それととなり合わない2つの内角の和より,
$\angle x=40°+70°=110°$
(3) 三角形の内角の和は 180° であるから,
$2\angle x+2\angle x+\angle x=180°$, $\angle x=36°$

❷ (1) 仮定…△ABC は二等辺三角形, BD＝CE
結論…△DBC≡△ECB
(2) ㋐ △ECB　㋑ CE　㋒ 底角
㋓ ∠DBC　㋔ CB
㋕ 2組の辺とその間の角

解き方 二等辺三角形は底角が等しい。

❸ △DBC と △ECB において,
仮定から　∠DCB＝∠EBC　……①
二等辺三角形の2つの底角は等しいから
∠DBC＝∠ECB　……②
共通な辺であるから CB＝BC　……③
①, ②, ③より, 1組の辺とその両端の角がそれぞれ等しいから △DBC≡△ECB
合同な図形では対応する辺の長さは等しいから, CD＝BE

解き方 別解 △AEB≡△ADC より証明できる。
△AEB と △ADC において,
仮定から　AB＝AC　……①
∠DCB＝∠EBC
∠ABE＝∠B－∠EBC, ∠ACD＝∠C－∠DCB
よって　∠ABE＝∠ACD　……②
共通な角であるから　∠BAE＝∠CAD　……③
①, ②, ③より, 1組の辺とその両端の角がそれぞれ等しいから △AEB≡△ADC
合同な図形では対応する辺の長さは等しいから,
CD＝BE

❹ △DBC は DB＝DC より, 二等辺三角形であるから, ∠DBC＝∠DCB
DB, DC は, ∠B, ∠C の二等分線だから,
∠B＝2∠DBC, ∠C＝2∠DCB
よって, ∠B＝∠C
△ABC において, ∠B と ∠C の2つの角が等しいから, △ABC は二等辺三角形である。

解き方 二等辺三角形になるためには, 2辺が等しいか, 2つの角が等しいかを証明すればよい。

❺ 72°

解き方 AB＝AC の二等辺三角形だから,
∠B＝∠C である。
$\angle BCA=(180°-36°)\div2=72°$
$\angle ACD=72°\div2=36°$
△ADC において, ∠BDC は ∠ADC の外角であるから,
$\angle BDC=\angle BAC+\angle ACD$
$=36°+36°=72°$

❻ (1) $\angle x=81°$　(2) $\angle x=34°$

解き方 正三角形の内角はすべて 60° であることを利用する。
(1) 三角形の1つの外角は, それととなり合わない2つの内角の和に等しいので,
$\angle x=21°+60°=81°$
(2) 折れ線の頂点を通り, 直線 ℓ, m と平行な補助線をひいて考えると, $180°-154°=26°$ より,
∠B＝60° だから,
$\angle x=60°-26°=34°$

❼ ㋐と㋒

条件…１組の辺とその両端の角がそれぞれ等しい。

㋑と㋕

条件…直角三角形の斜辺と他の１辺がそれぞれ等しい。

㋓と㋔

条件…直角三角形の斜辺と１つの鋭角がそれぞれ等しい。

解き方 ㋑は斜辺と他の１辺が等しい図を見つけていくと，㋕と同じことがわかる。㋓は残りの角が 25° で，斜辺と１つの鋭角がそれぞれ等しい図を見つけていくと，㋔と同じことがわかる。㋐と㋒の三角形は，斜辺の長さがわからないので，直角三角形の合同条件は使えないことに注意する。

❽ (1) 仮定…AB＝AC，AH⊥BC

結論…△ABH≡△ACH

(2) ㋐ △ACH　㋑ AC　㋒ ∠AHB

㋓ AH　㋔ 斜辺と他の１辺

解き方 (1) 問題文の，「AB＝AC」と，「頂点 A から底辺 BC に垂線をひき」から，仮定を記号で表す。

(2) △ABH と △ACH は直角三角形だから，直角三角形についての合同に着目する。

❾ △ABD と △ACE において，

仮定から　AB＝AC　……①

∠ADB＝∠AEC＝90°　……②

共通な角であるから

∠BAD＝∠CAE　……③

①，②，③より，直角三角形の斜辺と１つの鋭角がそれぞれ等しいから，△ABD≡△ACE

合同な図形では対応する辺の長さは等しいから，AD＝AE

解き方 別解 △EBC≡△DCB より証明できる。

△EBC と △DCB において，

仮定から　∠EBC＝∠DCB　……①

∠BEC＝∠CDB＝90°　……②

共通な辺であるから　BC＝CB　……③

①，②，③より，直角三角形の斜辺と１つの鋭角がそれぞれ等しいから，△EBC≡△DCB

注 合同な図形では対応する辺の長さは等しいから，EB＝DC

AD＝AC－DC＝AB－EB＝AE

よって，AD＝AE

❿ (1) 逆…$a+b$ が偶数ならば，a，b も偶数である。

正しくない。

(2) 逆…面積が等しい２つの三角形は，合同である。

正しくない。

(3) 逆…対応する角が等しい２つの三角形は，合同である。

正しくない。

解き方 逆が正しいかどうかを判断するには，反例を考えればよい。

あることがらが正しくないことを示す例を反例という。

(1) 1＋3＝4 で偶数になるが，１と３は奇数である。

(2) 底辺が 2 cm，高さが 6 cm の三角形も，底辺が 3 cm，高さが 4 cm の三角形も，面積が 6 cm^2 で等しいが，合同ではない。

(3) 角が等しくても，辺の長さがちがう三角形は合同ではない。

正しいことがらの逆が，いつでも正しいとは限らない。したがって，正しいことがらの逆が正しいかどうかは，あらためて証明する必要がある。

2 四角形

p.41-43 Step 2

❶ (1) 110°　(2) 5　(3) 3

解き方 (1) 平行四辺形では，となり合う内角の和は180°であるから，$\angle x=180°-70°=110°$

(2) 平行四辺形の対辺は等しい。
辺BCの対辺は辺ADとなる。

(3) 平行四辺形の対角線はそれぞれの中点で交わるから，AO＝COである。

❷ (1) 仮定…四角形ABCDは平行四辺形，AE＝CF
結論…∠ABE＝∠CDF

(2) ㋐ △CDF　㋑ CF　㋒ 対辺
㋓ 錯角　㋔ ∠BAE
㋕ 2組の辺とその間の角

解き方 平行四辺形では，対辺は等しいので，
AB＝CD，AD＝BC
また，対角も等しいので，∠A＝∠C，∠B＝∠D
これらは平行四辺形の場合は仮定として，証明に使われることを忘れないようにしよう。

(2) ∠ABEと∠CDFが等しくなることを証明するためには，これらの角がふくまれる△ABEと△CDFが合同であることを考えればよい。

❸ △ABMと△CDNにおいて，
平行四辺形の対辺は等しいから
AB＝CD　……①
点M，Nは，それぞれ辺AD，BCの中点なので　AM＝CN　……②
平行四辺形の対角は等しいから
∠BAM＝∠DCN　……③
①，②，③より，2組の辺とその間の角がそれぞれ等しいから，△ABM≡△CDN
合同な図形では対応する辺の長さは等しいから，MB＝ND

解き方 別解 ▱ABCDにおいて，
点M，Nは，それぞれ辺AD，BCの中点なので
MD＝BN
AD∥BCより，MD∥BN
1組の対辺が平行でその長さが等しいから，四角形MBNDは平行四辺形である。
よって，平行四辺形の対辺は等しいから，
MB＝ND

❹ ②，④

解き方 ① 反例として，右の図のような四角形ABCDをかくことができる。

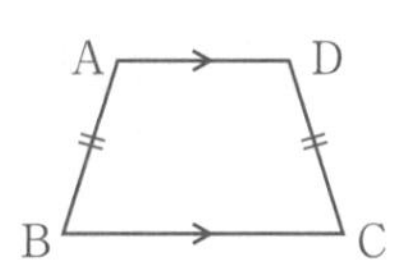

② 1組の対辺が平行で長さが等しくなるから。

③ 反例として，右の図のような四角形ABCDをかくことができる。

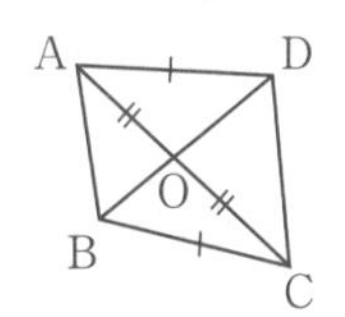

△OADと△OCBが合同とは限らない。

④ △OADと△OCBにおいて，
仮定から　AO＝CO
対頂角は等しいから　∠AOD＝∠COB，
平行線の錯角は等しいから，∠DAO＝∠BCO
1組の辺とその両端の角がそれぞれ等しいから，△OAD≡△OCBとなり，1組の対辺が平行でその長さが等しくなるから。

❺ ㋐ CR　㋑ AD　㋒ CQ
㋓ 対角　㋔ 2組の辺とその間の角
㋕ △BPQ　㋖ RS　㋗ 対辺

解き方 「同様にして…」は，△APSと△CRQが合同になることと同じように，2組の辺とその間の角がそれぞれ等しいことが説明できるので，その部分を省略した表現である。証明ではよく使われるので，おぼえておこう。

❻ 四角形 PQRS において，

OA＝OC，P と R は OA，OC の中点より，

OP＝OR ……①

OB＝OD，Q と S は OB，OD の中点より，

OQ＝OS ……②

①，②より，O は PR の中点であり，QS の中点でもある。

対角線がそれぞれの中点で交わるから，四角形 PQRS は平行四辺形である。

解き方 平行四辺形になる条件で，対角線がそれぞれの中点で交わることから，OP＝OR，OQ＝OS より，O が四角形 PQRS の対角線の中点で交わることによる証明である。

❼ 15°

解き方 四角形 ABCD は正方形であるから，内角はすべて 90° である。また，△EBC は正三角形であるから，内角はすべて 60° である。

∠DCE＝90°－60°＝30°

△CED は CE＝CD の二等辺三角形であるので，

∠CDE＝(180°－30°)÷2＝75°

よって，∠ADE＝90°－75°＝15°

❽ (1) ひし形　(2) 長方形

(3) 長方形　(4) 正方形

解き方 (1) 平行四辺形の性質より，

AB＝DC，AD＝BC

仮定より，AB＝BC

よって，AB＝BC＝CD＝DA

4 つの辺が等しくなるから，四角形 ABCD はひし形になる。

(2) 平行四辺形の性質より，

OA＝OC，OB＝OD

仮定より，OA＝OB

よって，OA＝OB＝OC＝OD

AC＝OA＋OC，BD＝OB＋OD だから，AC＝BD

対角線の長さが等しくなるから，四角形 ABCD は長方形になる。

(3) 平行四辺形の性質より，

∠A＝∠C，∠B＝∠D

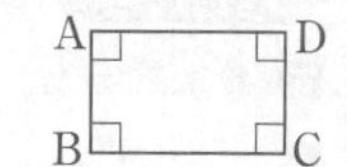

仮定より，∠A＝∠B

よって，∠A＝∠B＝∠C＝∠D

4 つの角が等しくなるから，四角形 ABCD は長方形になる。

(4) (1)，(3)より，4 つの角が等しく，4 つの辺が等しくなるから，四角形 ABCD は正方形になる。

❾ △ACE，△ABE，△BCF

解き方 EF∥AC だから，△ACF＝△ACE

AD∥BC だから，△ACE＝△ABE

AB∥DC だから，△ACF＝△BCF

よって，△ACF と面積の等しい三角形は，

△ACE，△ABE，△BCF である。

❿ (1) 16 cm^2

(2) AD∥BE より，

△ABE＝△DBE ……①

BD∥EF より，

△DBE＝△DBF ……②

AB∥DF より，

△DBF＝△AFD ……③

①，②，③より，△ABE＝△AFD

解き方 (1) EF∥BD より，

△DBF＝△DBE

△DBE＋△DEC＝48÷2

△DBE＝(48÷2)－8＝16

(2) 平行な 2 直線でできる三角形で，底辺が等しい三角形の面積が等しいことから見つける。

AD∥BE で，BE を底辺とする三角形

BD∥EF で，BD を底辺とする三角形

AB∥DF で，DF を底辺とする三角形

p.44-45 Step 3

❶ (1) 135°　(2) 50°　(3) 25°

❷ $\angle y=3\angle x$

❸ 45°

❹ ㋐ ∠BDE　㋑ BD　㋒ BE

㋓ 斜辺と他の 1 辺　㋔ ≡　㋕ AE

❺ (1) $x=4$, $y=115°$　(2) $x=3$, $y=4$

❻ (1) △ABP と △CDQ において，

AB＝CD　……①

∠ABP＝∠CDQ　……②

∠APB＝∠CQD＝90°　……③

①，②，③より，直角三角形の斜辺と 1 つの鋭角がそれぞれ等しいから，

△ABP≡△CDQ

よって，AP＝CQ

(2) 四角形 APCQ において，

(1)より，AP＝CQ

∠APQ＝∠CQP より，

AP∥CQ

1 組の対辺が平行でその長さが等しいから，四角形 APCQ は平行四辺形である。

❼ (1) △ABD，△AED　(2) △ACH，△ECH

解き方

❶ 二等辺三角形の 2 つの底角は等しいことから考えていく。下の図のように，求められる角度を順に書き込んでいくとわかりやすい。

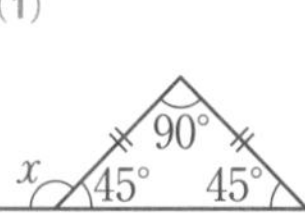

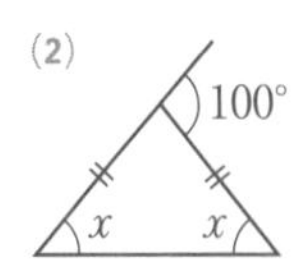

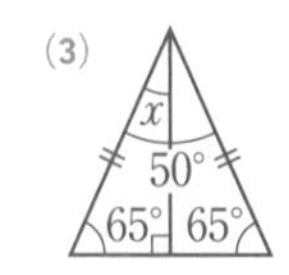

(1) $\angle x=90°+45°=135°$

(2) $\angle x=100°\div2=50°$

(3) $\angle x=50°\div2=25°$

❷ △BAC において，三角形の外角より，

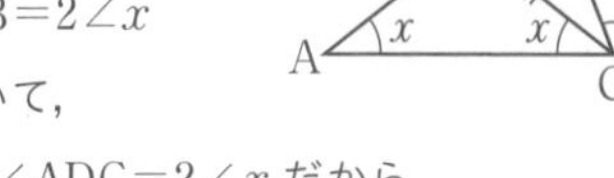

∠CBD＝∠CDB＝$2\angle x$

△ADC において，

∠DAC＝$\angle x$，∠ADC＝$2\angle x$ だから，

$\angle y$＝∠DAC＋∠ADC＝$\angle x+2\angle x=3\angle x$

❸ △ABD で，∠BAD＝45°，∠ADB＝90° だから，

∠ABF＝180°－(45°＋90°)＝45°

△BEF で，∠EBF＝45°，∠BEF＝90° だから，

∠BFE＝180°－(45°＋90°)＝45°

❹ 証明では穴うめ問題がよく出題される。手順にしたがって，図を見ながら穴うめしていく。

辺の長さが等しいことを証明するには，合同な三角形を考えてみることが大切である。

❺ (1) 平行四辺形の対辺は等しいことより，

AB＝CD，AD＝BC

であることから考える。

また，平行四辺形の 2 組の対角はそれぞれ等しいことから，

$65°\times2+2\angle y=360°$　$\angle y=115°$

(2) 平行四辺形の対角線の交点は中点で交わることから，AO＝CO，BO＝DO

$x=6\div2=3$

❻ (1) 四角形 ABCD は平行四辺形だから，

対辺が等しいので，AB＝CD

また，△ABP と △CDQ において，AB∥CD より，錯角は等しいから　∠ABP＝∠CDQ

AP，CQ は BD への垂線だから，

∠APB＝∠CQD＝90°

直角三角形の斜辺と 1 つの鋭角がそれぞれ等しいから，△ABP≡△CDQ

合同な図形では対応する辺の長さが等しいから，

AP＝CQ

(2) AP⊥BD，CQ⊥BD であるから，AP∥CQ

1 組の対辺が平行で，(1)より長さが等しいことより平行四辺形になる条件が証明される。

❼ (1) 底辺 AD を共有し，高さが等しいことは AD∥BE から考える。

またこの他に，AD＝BC＝CE だから，

△ABC，△DBC，△ACE，△DCE も面積が等しいことがわかる。

(2) △ADH を底辺 DH，高さ AD と考える。

四角形 ACED は平行四辺形より，対角線の交点は中点であるから，DH＝CH

△AHD＝△ACH＝△EDH＝△EHC

CH を底辺とする三角形は，△ACH と △ECH の 2 つとなる。

6章 データの活用

1 データの散らばり

2 データの傾向と調査

p.47-49　Step 2

1 (1) 6点

(2) 第1四分位数…5点，第2四分位数…6.5点，第3四分位数…7点

(3) 9点　　(4) 2点　　(5) ②

解き方 データを小さい順に並べかえて考える。

(1) $(7+6+8+4+5+7+1+5+10+7)\div10$
$=6$(点)

(2) 1 4 (5) 5 6 ( ) 7 7 (7) 8 10

第2四分位数は $\dfrac{6+7}{2}=6.5$(点)

(3) 最大値は10点，最小値は1点だから，範囲は，
$10-1=9$(点)

(4) (2)より，第3四分位数は7点，第1四分位数は5点だから，$7-5=2$(点)

(5) ①の最小値は1点，第1四分位数は4点，中央値は6.5点，第3四分位数は8点，最大値は10点の箱ひげ図である。

2 (1) a…6，b…11　　(2) 5

解き方 (1) 平均値が8であるから，データの合計は80より，

$15+2+a+5+7+10+3+b+12+9=80$
$a+b=17$

$a<b$ であるから，a と b の組み合わせは，

a	b	a	b	a	b
0	17	3	14	6	11
1	16	4	13	7	10
2	15	5	12	8	9

これより，中央値が8，第3四分位数が11になるのは，
$a=6$，$b=11$

(2) データを小さい順に並べかえると，

2 3 (5) 6 7 ( ) 9 10 (11) 12 15

3 (1) 最大値…41個，最小値…30個，範囲…11個

(2) 第1四分位数…33個，第2四分位数…37個，第3四分位数…38.5個

(3)

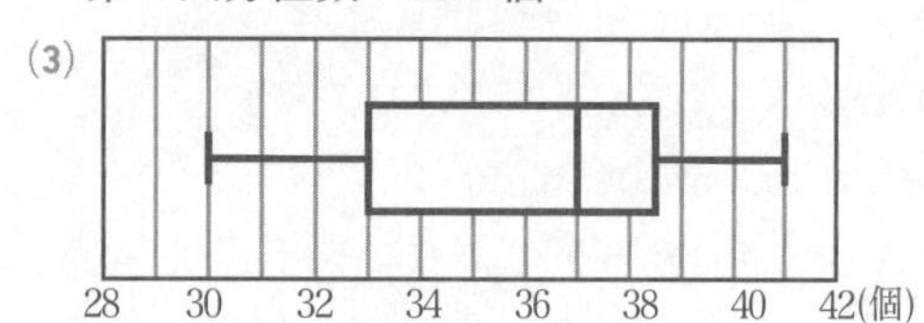

解き方 データを小さい順に並べかえて考える。

(1) 範囲は　$41-30=11$(個)

(2) 30 31 31 ( ) 35 35 36 ( ) 38 38 38 ( ) 39 40 41

第1四分位数は　$\dfrac{31+35}{2}=33$(個)

第2四分位数は　$\dfrac{36+38}{2}=37$(個)

第3四分位数は　$\dfrac{38+39}{2}=38.5$(個)

4 (1) 最大値…33 kg，最小値…15 kg

(2) 第1四分位数…18 kg，第2四分位数…24 kg，第3四分位数…27 kg

解き方 箱ひげ図は縦向きに表すこともある。
横向きの場合と同様に，ひげや箱から，最小値，第1四分位数，第2四分位数(中央値)，第3四分位数，最大値を読みとることができる。

5 A…㋒，B…㋑，C…㋐

解き方 ヒストグラムの山の位置と箱ひげ図の箱の位置はだいたい対応している。
Bのヒストグラムは，すそが左に伸びているので，箱ひげ図のひげも左に伸びたものになる。

6 ㋑，㋓

解き方 ㋐ 箱ひげ図から平均値は読みとれない。
㋒ 箱の長さは，データの個数ではなく，データの散らばりを表している。
㋔ 1年生の範囲は　$10-1=9$(時間)
3年生の範囲は　$15-6=9$(時間)

p.50-51 Step 3

❶ (1) 23　(2) 24　(3) 12.5　(4) ①

❷ ㋐，㋒，㋓

❸ (1) B 市　(2) C 市

❹ (1) A 10.8 m，B 10 m

(2) A 3 m，B 6 m

(3) A 1.5 m，B 2.5 m

(4)

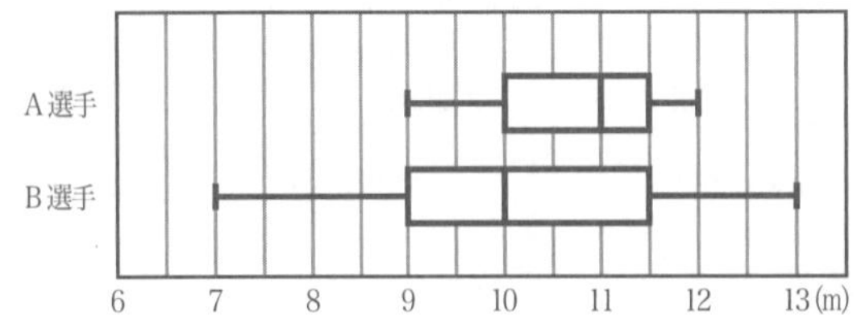

(5)〈解答例 1〉

A

(A を選ぶ理由の例)

中央値が B 選手より長い値で，四分位範囲も小さいので，安定して長い距離を投げられると考えられるから。

〈解答例 2〉

B

(B を選ぶ理由の例)

最高記録が A 選手より長いから。

解き方

❶ (1) データを小さい順に並べかえると，

8 10 15 ¦ 17 18 21 ¦ 25 25 28 ¦ 29 30 32

中央値(第 2 四分位数)は　$\frac{21+25}{2}=23$

(2) 最小値 8，最大値 32 であるから，

範囲は　$32-8=24$

(3) 第 1 四分位数は　$\frac{15+17}{2}=16$

第 3 四分位数は　$\frac{28+29}{2}=28.5$

であるから，四分位範囲は　$28.5-16=12.5$

(4) ②の最小値は 8，第 1 四分位数は 16，中央値(第 2 四分位数)は 23，第 3 四分位数は 26.5，最大値は 32 の箱ひげ図である。

❷ ㋐ 箱ひげ図から，最大値を読みとればよい。

㋑ 箱ひげ図から，平均値は読みとれない。

㋒ 箱が表す区間には，データ全体のほぼ半分が入っていることと，中央値(第 2 四分位数)が約 36 分であることから，半分以上の生徒が通学にかかる時間が 30 分以上であることがわかる。

㋓ 箱ひげ図から，範囲を読みとればよい。

㋔ 箱ひげ図から，データの個数は読みとれない。

❸ (1) それぞれの箱ひげ図をくらべると，範囲が大きいのは B 市，A 市，C 市の順になる。

(2) それぞれの箱ひげ図をくらべると，中央値(第 2 四分位数)は，A 市…約 16 °C，B 市…約 21 °C，C 市…約 25 °C とわかるから，1 年のうち 25 °C 以上になる月の割合が多いのは，C 市であることがわかる。

❹ (1) A…$(10+11+10.5+11+12+9+10+11+11.5+12)\div10=10.8$ (m)

B…$(10+9+11+7+7.5+11.5+13+10+9+12)\div10=10$ (m)

(2) A の最小値は 9 m，最大値は 12 m だから，

範囲は　$12-9=3$ (m)

B の最小値は 7 m，最大値は 13 m だから，

範囲は　$13-7=6$ (m)

(3) それぞれのデータを小さい順に並べかえる。

A　9 10 (10) 10.5 11 ◌ 11 11 (11.5) 12 12

B　7 7.5 (9) 9 10 ◌ 10 11 (11.5) 12 13

A の第 1 四分位数は 10 m，中央値(第 2 四分位数)は 11 m，第 3 四分位数は 11.5 m だから，四分位範囲は $11.5-10=1.5$ (m)

B の第 1 四分位数は 9 m，中央値(第 2 四分位数)は 10 m，第 3 四分位数は 11.5 m だから，四分位範囲は $11.5-9=2.5$ (m)

7章 確率

1 確率

p.53-55 Step 2

❶ (1) $\frac{1}{3}$ (2) $\frac{2}{3}$

(3) 1 (4) 0

解き方 さいころの目の出方は，全部で6通りである。

(1) 1または2の目の出方は2通りだから，

確率は，$\frac{2}{6}=\frac{1}{3}$

(2) 6の約数の目が出るのは，1，2，3，6の4通りだから，確率は，$\frac{4}{6}=\frac{2}{3}$

(3) 6以下の目が出るのは，1，2，3，4，5，6の6通りだから，確率は，$\frac{6}{6}=1$

(4) 7の目は出ないから，確率は，0

❷ (1) $\frac{1}{2}$ (2) $\frac{1}{3}$ (3) $\frac{5}{12}$

解き方 カードの引き方は，全部で12通りである。

(1) 引いたカードが奇数であるのは，1，3，5，7，9，11の6通りだから，確率は，$\frac{6}{12}=\frac{1}{2}$

(2) 引いたカードが3の倍数であるのは，3，6，9，12の4通りだから，確率は，$\frac{4}{12}=\frac{1}{3}$

(3) 引いたカードが素数であるのは，2，3，5，7，11の5通りだから，確率は，$\frac{5}{12}$

❸ (1) $\frac{1}{10}$ (2) $\frac{4}{5}$

解き方 (1) くじの引き方は全部で20通りある。そのうち，当たりくじを引くのは2通りだから，

引いたくじが当たりくじである確率は，$\frac{2}{20}=\frac{1}{10}$

(2) くじの引き方は全部で50通りある。そのうち，はずれくじは50−10=40(本)あるから，はずれくじを引く場合は40通りある。

引いたくじがはずれくじである確率は，$\frac{40}{50}=\frac{4}{5}$

❹ (1) $\frac{3}{8}$ (2) $\frac{1}{2}$

解き方 表が出たときを○，裏が出たときを×とすると，起こりうるすべての場合の数は，次のように8通りある。

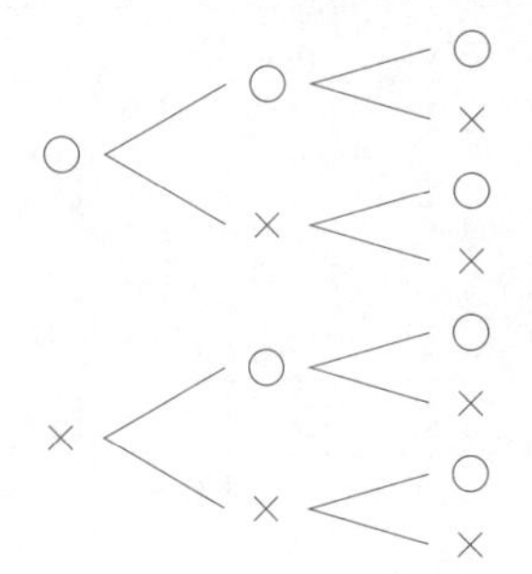

(1) 1回だけ表が出て，あとは裏が出る場合は，(1回目，2回目，3回目)として表すと，上の樹形図より，(○，×，×)，(×，○，×)，(×，×，○)の3通り。

よって，1回だけ表の出る確率は，$\frac{3}{8}$

(2) 少なくとも2回表が出るということは，表が3回とも出る場合と，表が2回出る場合を考える。だから，(○，○，○)，(○，○，×)，(○，×，○)，(×，○，○)の4通り。よって，少なくとも2回表が出る確率は，$\frac{4}{8}=\frac{1}{2}$

5 (1) 36 通り　(2) $\frac{1}{6}$　(3) $\frac{7}{12}$

(4) $\frac{1}{9}$　(5) $\frac{5}{18}$　(6) $\frac{19}{36}$

解き方 2 個のさいころを投げるときは，下のような表にしてまとめると整理しやすい。

大＼小	1	2	3	4	5	6
1	(1, 1)	(1, 2)	(1, 3)	(1, 4)	(1, 5)	(1, 6)
2	(2, 1)	(2, 2)	(2, 3)	(2, 4)	(2, 5)	(2, 6)
3	(3, 1)	(3, 2)	(3, 3)	(3, 4)	(3, 5)	(3, 6)
4	(4, 1)	(4, 2)	(4, 3)	(4, 4)	(4, 5)	(4, 6)
5	(5, 1)	(5, 2)	(5, 3)	(5, 4)	(5, 5)	(5, 6)
6	(6, 1)	(6, 2)	(6, 3)	(6, 4)	(6, 5)	(6, 6)

(1) 表より，目の出方は全部で 36 通りである。

(2) 出る目の数の和が 7 になるのは，

(1, 6), (2, 5), (3, 4), (4, 3), (5, 2), (6, 1)

の 6 通りだから，求める確率は，$\frac{6}{36}=\frac{1}{6}$

(3) 出る目の数の和が 7 以上になるのは，

(1, 6), (2, 5), (3, 4), (4, 3), (5, 2), (6, 1)

(2, 6), (3, 5), (4, 4), (5, 3), (6, 2)

(3, 6), (4, 5), (5, 4), (6, 3)

(4, 6), (5, 5), (6, 4)

(5, 6), (6, 5)

(6, 6)

の 21 通りだから，求める確率は，$\frac{21}{36}=\frac{7}{12}$

(4) 出る目の数の差が 4 になるのは，(1, 5), (2, 6), (5, 1), (6, 2) の 4 通りだから，

求める確率は，$\frac{4}{36}=\frac{1}{9}$

(5) 出る目の数の積が 5 以下になるのは，(1, 1), (1, 2), (1, 3), (1, 4), (1, 5), (2, 1), (2, 2), (3, 1), (4, 1), (5, 1) の 10 通りだから，

求める確率は，$\frac{10}{36}=\frac{5}{18}$

(6) 出る目の数の和が 7 以上で，差が 4 以下になるのは，

(2, 5), (3, 4), (4, 3), (5, 2)

(2, 6), (3, 5), (4, 4), (5, 3), (6, 2)

(3, 6), (4, 5), (5, 4), (6, 3)

(4, 6), (5, 5), (6, 4), (5, 6), (6, 5), (6, 6)

の 19 通りだから，求める確率は，$\frac{19}{36}$

6 (1) $\frac{1}{3}$　(2) $\frac{4}{15}$

(3) $\frac{2}{3}$　(4) $\frac{3}{5}$

解き方 玉の取り出し方は，全部の玉の数の和だから，5＋4＋6＝15(通り) である。

(1) 赤玉が出るのは 5 通りだから，求める確率は，

$\frac{5}{15}=\frac{1}{3}$

(2) 青玉が出るのは 4 通りだから，求める確率は，$\frac{4}{15}$

(3) 青玉か白玉が出るのは，4＋6＝10(通り) だから，

求める確率は，$\frac{10}{15}=\frac{2}{3}$

(4) 白玉が出ないということは，赤玉か青玉が出る場合を考えればよい。赤玉か青玉が出るのは，

5＋4＝9(通り) だから，求める確率は，$\frac{9}{15}=\frac{3}{5}$

7 (1) $\frac{1}{2}$　(2) $\frac{1}{6}$

解き方 カードの並べ方は，樹形図をかいて数えると，24 通りである。

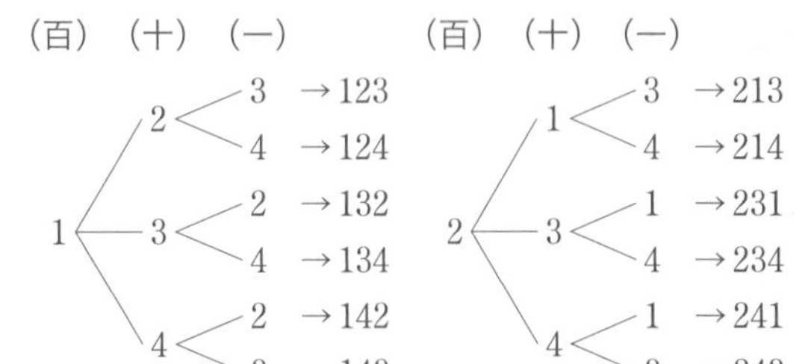

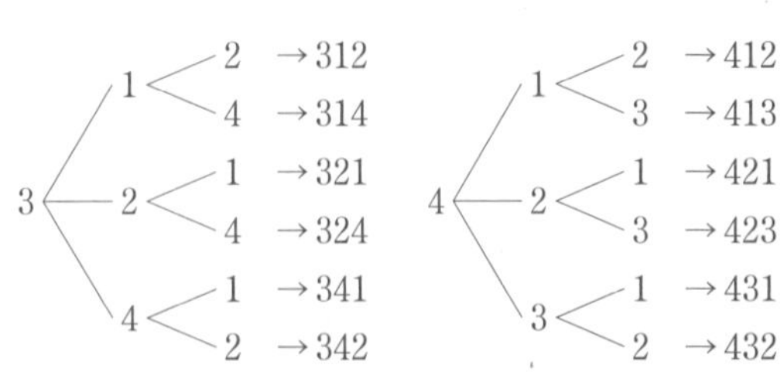

(1) 3 けたの整数が偶数になるのは，一の位の数が 2, 4 の場合の 12 通りである。よって，求める確率は，

$\frac{12}{24}=\frac{1}{2}$

(2) 百の位の数がもっとも小さく，一の位の数がもっとも大きい整数となるのは，

123, 124, 134, 234 の 4 通りである。

よって，求める確率は，$\frac{4}{24}=\frac{1}{6}$

▶ 本文 p.55

❽ (1) $\frac{7}{10}$　　(2) $\frac{1}{3}$

解き方 (1) 男1，男2，男3，女1，女2とすると，2人の当番の選び方は，全部で10通りである。

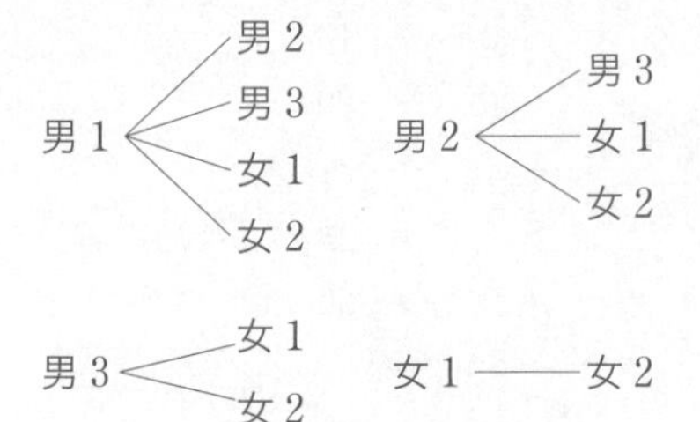

男3 ＜ 女1 / 女2　　女1 ―― 女2

2人とも男子が選ばれる場合は3通りだから，2人とも男子が選ばれる確率は，$\frac{3}{10}$

(少なくとも1人は女子が選ばれる確率)

＝1−(2人とも男子が選ばれる確率)より，

求める確率は，$1-\frac{3}{10}=\frac{7}{10}$

別解 女子が1人選ばれる場合と，2人とも女子が選ばれる場合を考えてもよい。

女子が1人選ばれる場合は6通り，2人とも女子が選ばれる場合は1通りだから，少なくとも1人は女子が選ばれる場合は7通りである。よって，求める確率は，$\frac{7}{10}$

(2) じゃんけんの出し方は，全部で9通りである。

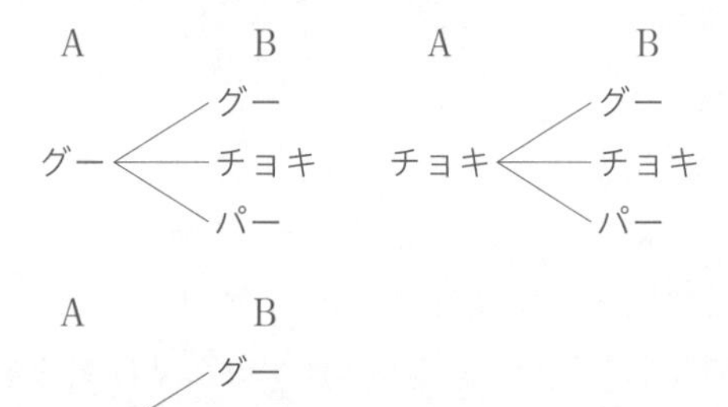

A　B

パー ＜ グー / チョキ / パー

あいこになる場合は3通りあるから，求める確率は，

$\frac{3}{9}=\frac{1}{3}$

❾ (1) $\frac{1}{8}$　　(2) $\frac{1}{2}$

解き方 表が出たときを○，裏が出たときを×とすると，起こりうるすべての場合の数は，次のように8通りある。

(10円玉)　(50円玉)　(100円玉)

○ ― ○ ― ○ → 160円
　　　　 ― × → 60円
　 ― × ― ○ → 110円
　　　　 ― × → 10円
× ― ○ ― ○ → 150円
　　　　 ― × → 50円
　 ― × ― ○ → 100円
　　　　 ― × → 0円

(1) 表になった硬貨の合計金額が100円になるのは，(10円玉，50円玉，100円玉)として表すと，上の樹形図より，(×，×，○)の1通り。よって，求める確率は，$\frac{1}{8}$

(2) 表になった硬貨の合計金額が，100円以上になるのは，160円，150円，110円，100円の場合の4通りだから，求める確率は，$\frac{4}{8}=\frac{1}{2}$

❿ (1) $\frac{1}{6}$　　(2) $\frac{1}{4}$

解き方 当たりくじを❶，❷，はずれくじを①，②として考える。

(1) くじの引き方は，(❶，❷)，(❶，①)，(❶，②)，(❷，❶)，(❷，①)，(❷，②)，(①，❶)，(①，❷)，(①，②)，(②，❶)，(②，❷)，(②，①)の12通り。2本とも当たる場合は2通りだから，求める確率は，

$\frac{2}{12}=\frac{1}{6}$

(2) くじの引き方は，(❶，❶)，(❶，❷)，(❶，①)，(❶，②)，(❷，❶)，(❷，❷)，(❷，①)，(❷，②)，(①，❶)，(①，❷)，(①，①)，(①，②)，(②，❶)，(②，❷)，(②，①)，(②，②)の16通り。2本とも当たる場合は4通りだから，求める確率は，$\frac{4}{16}=\frac{1}{4}$

▶ 本文 p.56

p.56 Step 3

❶ (1) $\frac{1}{2}$ (2) $\frac{1}{4}$ (3) $\frac{1}{3}$

❷ (1) 20 通り (2) $\frac{3}{10}$

❸ (1) 9 通り (2) $\frac{5}{9}$

❹ (1) 28 通り (2) $\frac{3}{7}$ (3) $\frac{13}{28}$

解き方

❶ (1) さいころの目の出方は全部で 6 通り。2 の倍数の目は，2，4，6 の 3 通りだから，求める確率は，

$\frac{3}{6}=\frac{1}{2}$

(3) じゃんけんの出し方は全部で 27 通り。

3 人とも出したものが同じ場合は (グ，グ，グ)，(チ，チ，チ)，(パ，パ，パ) の 3 通り。

3 人とも出したものがちがう場合は (グ，チ，パ)，(グ，パ，チ)，(チ，グ，パ)，(チ，パ，グ)，(パ，グ，チ)，(パ，チ，グ) の 6 通り。

よって，あいこになる場合は 3+6=9(通り) だから，求める確率は，$\frac{9}{27}=\frac{1}{3}$

❷ (1) 当たりくじを①，②，③，はずれくじを[4]，[5]で表すと，次のような樹形図になり，全部で 20 通りある。

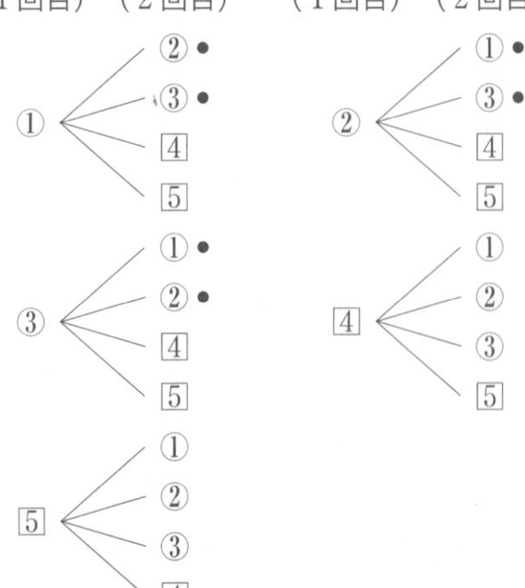

(2) (1)の樹形図で，2 回とも当たるのは，● 印をつけた 6 通りであるから，求める確率は，$\frac{6}{20}=\frac{3}{10}$

❸ (1) 2 けたの数は，次の 9 通りある。

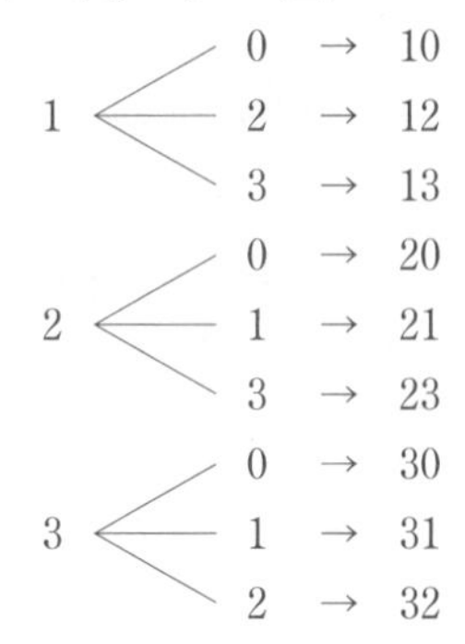

注 0 は十の位には入らない。

(2) 上の樹形図から，偶数は 10，12，20，30，32 の 5 通りだから，求める確率は，$\frac{5}{9}$

❹ (1) 2 個の赤玉を①，②，6 個の白玉を[1]，[2]，[3]，[4]，[5]，[6]とすると，取り出し方は全部で 28 通りある。

(①，②)，(①，[1])，(①，[2])，(①，[3])，
(①，[4])，(①，[5])，(①，[6])
(②，[1])，(②，[2])，(②，[3])，(②，[4])，
(②，[5])，(②，[6])
([1]，[2])，([1]，[3])，([1]，[4])，([1]，[5])，
([1]，[6])
([2]，[3])，([2]，[4])，([2]，[5])，([2]，[6])
([3]，[4])，([3]，[5])，([3]，[6])
([4]，[5])，([4]，[6])
([5]，[6])

注 2 個とも赤玉，赤玉と白玉，2 個とも白玉の 3 通りとすると，同様に確からしくない。

(2) 1 個が赤玉で，もう 1 個が白玉であるのは 12 通りだから，求める確率は，$\frac{12}{28}=\frac{3}{7}$

(3) 赤玉が 1 個の場合は，(2)より 12 通り，2 個とも赤玉の場合は 1 通りだから，少なくとも 1 個が赤玉であるのは 13 通りである。よって，求める確率は，$\frac{13}{28}$

テスト前 ☑ やることチェック表

① まずはテストの目標をたてよう。頑張ったら達成できそうなちょっと上のレベルを目指そう。
② 次にやることを書こう（「ズバリ英語〇ページ，数学〇ページ」など）。
③ やり終えたら□に✓を入れよう。
最初に完ぺきな計画をたてる必要はなく，まずは数日分の計画をつくって，
その後追加・修正していっても良いね。

目標

	日付	やること 1	やること 2
2週間前	／	□	□
	／	□	□
	／	□	□
	／	□	□
	／	□	□
	／	□	□
	／	□	□
1週間前	／	□	□
	／	□	□
	／	□	□
	／	□	□
	／	□	□
	／	□	□
	／	□	□
テスト期間	／	□	□
	／	□	□
	／	□	□
	／	□	□
	／	□	□

QRコードのページに登録すると，「ぴたリンク」からも表をダウンロードできるよ

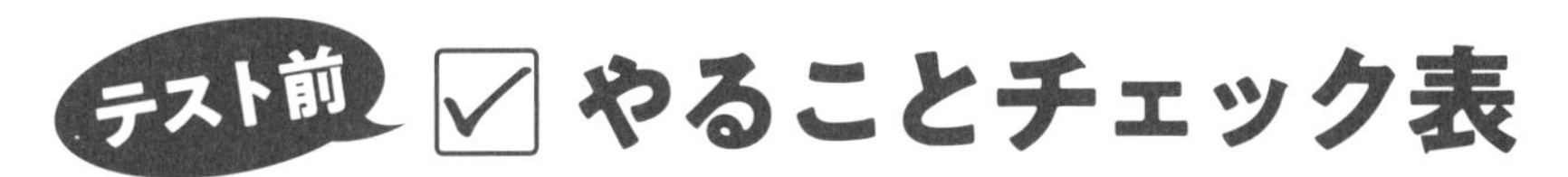

① まずはテストの目標をたてよう。頑張ったら達成できそうなちょっと上のレベルを目指そう。
② 次にやることを書こう（「ズバリ英語〇ページ，数学〇ページ」など）。
③ やり終えたら▢に✓を入れよう。
最初に完ぺきな計画をたてる必要はなく，まずは数日分の計画をつくって，
その後追加・修正していっても良いね。

目標

	日付	やること 1	やること 2
2週間前	／	▢	▢
	／	▢	▢
	／	▢	▢
	／	▢	▢
	／	▢	▢
	／	▢	▢
	／	▢	▢
1週間前	／	▢	▢
	／	▢	▢
	／	▢	▢
	／	▢	▢
	／	▢	▢
	／	▢	▢
	／	▢	▢
テスト期間	／	▢	▢
	／	▢	▢
	／	▢	▢
	／	▢	▢
	／	▢	▢

キリトリ線

QRコードのページに登録すると，「ぴたリンク」からも表をダウンロードできるよ

チェックBOOK

- テストにズバリよくでる!
- 用語・公式や例題を掲載!

数学

数研出版版

2年

1章 式の計算

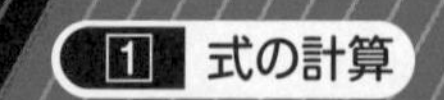

教 p.16〜27

1 単項式と多項式

□数や文字をかけ合わせただけの式を 単項式 という。

□単項式の和の形で表される式を 多項式 という。

2 重要 式の加法，減法

□同類項は，$ma+na=$ $(m+n)a$ を使って，1 つの項にまとめることができる。

|例| $2a+3b+3a-2b=2a+3a+3b-2b$

$=(2a+3a)+(3b-2b)$

$=(2+\boxed{3})a+(3-\boxed{2})b$

$=\boxed{5a+b}$

3 多項式の計算

□かっこがある式は，分配法則 $m(a+b)=$ $\boxed{ma+mb}$ を使って計算する。

4 単項式の乗法，除法

□単項式の乗法では，単項式の係数の積に 文字の積 をかければよい。

|例| $2x\times(-5y)=2\times\boxed{(-5)}\times x\times y$

$=\boxed{-10xy}$

□ 3 つの式の乗除では，

$A\div B\times C=\boxed{\dfrac{A\times C}{B}}$，$A\div B\div C=\boxed{\dfrac{A}{B\times C}}$

を使って計算する。

教 p.30〜36

1 連続する整数

□連続する3つの整数のうち，いちばん小さい数を n とすると，連続する3つの整数は，n，$\boxed{n+1}$，$\boxed{n+2}$ と表される。

2 偶数と奇数

□m を整数とすると，偶数は $\boxed{2m}$ と表すことができる。

□n を整数とすると，奇数は $\boxed{2n+1}$，または $\boxed{2n-1}$ と表すことができる。

3 2けたの自然数

□2けたの正の自然数は，十の位の数を a，一の位の数を b とすると，$\boxed{10a+b}$ と表される。

4 重要 等式の変形

□$x+y=6$ を $x=6-y$ のように式を変形することを，$\boxed{x\text{について解く}}$ という。

|例| $2x=3y+4$ を x について解くと，

両辺を $\boxed{2}$ でわって，$x=\boxed{\frac{3}{2}y+2}\left(\frac{3y+4}{2}\right)$

また，$2x=3y+4$ を y について解くと，

両辺を入れかえて，　$3y+4=2x$

$\boxed{4}$ を移項して，　$3y=2x-\boxed{4}$

両辺を $\boxed{3}$ でわって，　$y=\boxed{\frac{2x-4}{3}}$

教 p.42〜53

1 重要 加減法

□文字 x，y についての連立方程式から，y をふくまない方程式をつくることを，y を［消去する］という。

□連立方程式を解くのに，1 つの文字の係数の絶対値をそろえ，両辺をたしたりひいたりすることで，その文字を消去して解く方法を［加減法］という。

$$\begin{array}{rl} & A=B \\ +) & C=D \\ \hline & A+C=\boxed{B+D} \end{array} \qquad \begin{array}{rl} & A=B \\ -) & C=D \\ \hline & A-C=\boxed{B-D} \end{array}$$

例 $\begin{cases} 5x+y=7 & \cdots\cdots① \\ 3x-y=1 & \cdots\cdots② \end{cases}$

①と②の両辺をたすと

$$\begin{array}{rl} & 5x+y=7 \\ +) & 3x-y=1 \\ \hline & 8x \quad =\boxed{8} \\ & x=\boxed{1} \end{array}$$

この値を，①の x に代入すると

$$5+y=7$$
$$y=\boxed{2}$$

よって，$x=\boxed{1}$，$y=\boxed{2}$

2 代入法

□連立方程式を解くのに，代入によって 1 つの文字を消去して解く方法を［代入法］という。

教 p.54〜56

1 かっこがある連立方程式の解き方

□かっこのある連立方程式は，[かっこ]をはずしたり[移項]したりして，1次方程式の場合のように，簡単にしてから解くとよい。

2 重要 係数が整数でない連立方程式の解き方

□係数に分数があるときは，その式の[分母をはらって]，x や y の係数を整数にする。

例
$$\begin{cases} y=-x-1 & \cdots\cdots① \\ \dfrac{x}{2}+\dfrac{y}{3}=-1 & \cdots\cdots② \end{cases}$$

②×[6]　$\left(\dfrac{x}{2}+\dfrac{y}{3}\right)\times\boxed{6}=(-1)\times\boxed{6}$

$3x+2y=-6$　……③

①を③に代入すると　$3x+2(\boxed{-x-1})=-6$

$3x-2x-2=-6$

$x=\boxed{-4}$

$x=\boxed{-4}$ を①に代入すると　$y=\boxed{3}$

$x=\boxed{-4}$，$y=\boxed{3}$

3 $A=B=C$ の形をした方程式の解き方

□$A=B=C$ の形をした方程式は，次の3つのうち，どの連立方程式を使って解いてもよい。

$\begin{cases} A=B \\ B=C \end{cases}$　$\begin{cases} A=B \\ \boxed{A=C} \end{cases}$　$\begin{cases} \boxed{A=C} \\ B=C \end{cases}$

教 p.70〜74

1 1次関数

□y が x の関数で，y が x の1次式で表されるとき，y は x の [1次関数] であるという。

2 重要 1次関数の変化の割合

□変化の割合＝$\dfrac{\boxed{y\text{の増加量}}}{\boxed{x\text{の増加量}}}$

□1次関数 $y=ax+b$(a，b は定数)の変化の割合は一定で，その値は，x の係数 [a] に等しい。

変化の割合＝$\dfrac{\boxed{y\text{の増加量}}}{\boxed{x\text{の増加量}}}=\boxed{a}$

|例| 1次関数 $y=2x+3$ の変化の割合は，つねに [2] である。

□1次関数 $y=ax+b$ の変化の割合 a は，x の値が1増加するときの y の値の増加量が [a] であることを表している。

|例| 1次関数 $y=2x+3$ について，

x の増加量が1のときの y の増加量は [2]

x の増加量が3のときの y の増加量は [6]

□1次関数 $y=ax+b$ について，

$a>0$ のとき，x の値が増加すると，y の値は [増加] する。

$a<0$ のとき，x の値が増加すると，y の値は [減少] する。

3 反比例の関係の変化の割合

□反比例の関係の変化では，割合は [一定ではない] 。

教 p.75～82

1 重要 1次関数のグラフ

□ 1次関数 $y=ax+b$ のグラフは，直線 $y=$ [ax] に平行で，y 軸上の点 $(0,$ [b] $)$ を通る直線である。

□ 1次関数 $y=ax+b$ のグラフは，傾きが [a]，切片が [b] の直線である。

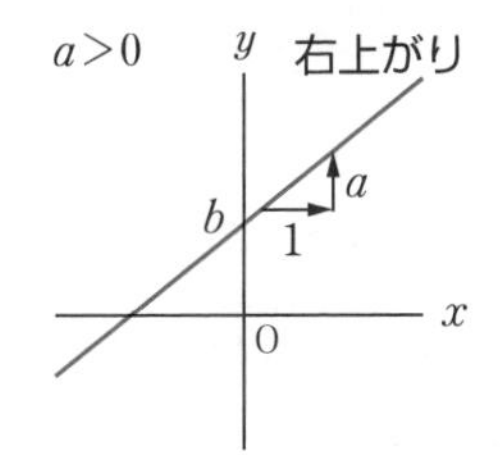

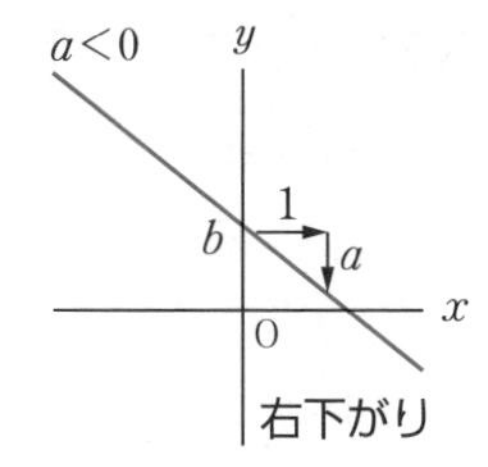

□ 1次関数 $y=ax+b$ の変化の割合 [a] は，そのグラフである直線 $y=ax+b$ の [傾き] になっている。

2 1次関数のグラフのかき方

□ 1次関数 $y=ax+b$ のグラフは，[切片 b] で y 軸との交点を決め，その点を通る傾き [a] の直線をひいてかくことができる。

|例| $y=\frac{3}{2}x-1$ のグラフ

切片は [-1]，傾きは [$\frac{3}{2}$]

↑

右へ 2 進むと，

上へ [3] 進む。

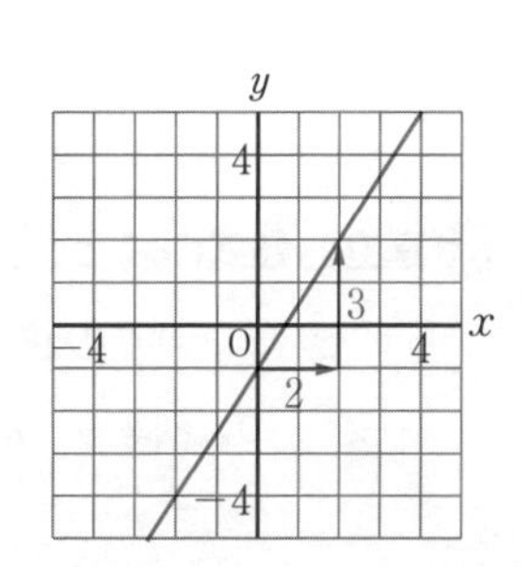

3章 1次関数

□1 1次関数
□2 1次関数と方程式

教 p.84〜93

1 重要 1次関数の式を求めること

□1次関数のグラフから，傾き a と 切片 b を読みとることができれば，その1次関数の式 $y=ax+b$ を求めることができる。

□傾きと1組の x，y の値から式を求める

→$y=ax+b$ に 傾き a と x 座標，y 座標 の値を代入して，b の値を求める。

□直線が通る2点の座標から式を求める

→❶ 2点の座標から，傾き を求めて，切片を求める。

→❷ $y=ax+b$ に2点の座標の値を代入して，a と b についての 連立方程式 をつくり，a と b の値を求める。

2 2元1次方程式のグラフ

□2元1次方程式 $ax+by=c$ のグラフは 直線 である。

特に，$a=0$ の場合は，x 軸 に平行な直線である。

$b=0$ の場合は，y 軸 に平行な直線である。

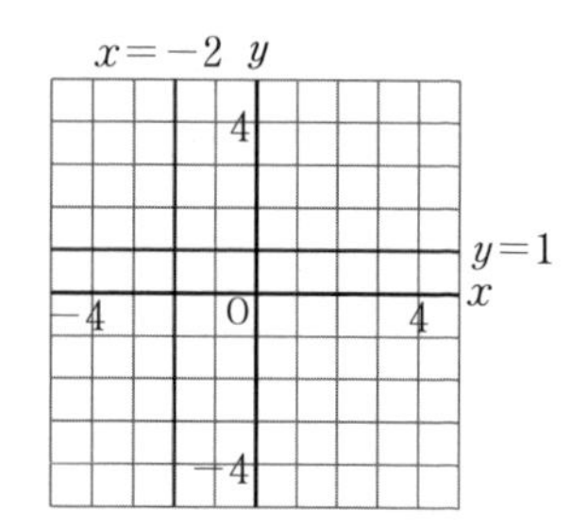

3 連立方程式の解とグラフ

□x，y についての連立方程式の解は，それぞれの方程式のグラフの 交点 の x 座標，y 座標の組で表される。

教 p.106～111

1 対頂角の性質

□対頂角は 等しい 。

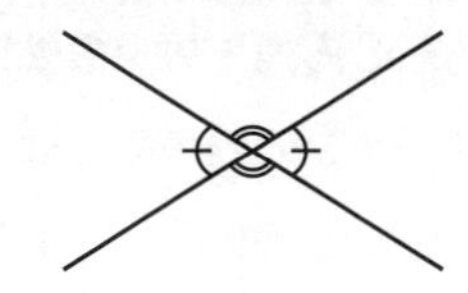

2 重要 平行線の性質

□ 2 直線に 1 つの直線が交わるとき,

❶ 2 直線が平行ならば,
同位角 は等しい。

❷ 2 直線が平行ならば,
錯角 は等しい。

3 平行線になるための条件

□ 2 直線に 1 つの直線が交わるとき,

❶ 同位角 が等しいならば,
2 直線は平行である。

❷ 錯角 が等しいならば,
2 直線は平行である。

例 右の図において, 錯角 が等しいから,
$\ell /\!/ m$

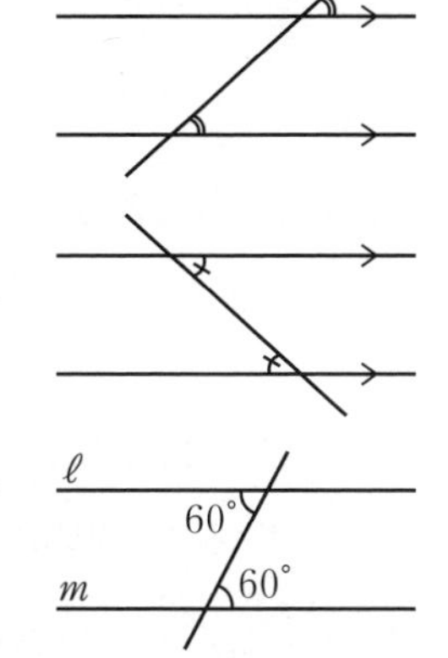

教 p.112〜121

1 重要 三角形の内角・外角の性質

□❶ 三角形の 3 つの内角の和は［180］°である。

□❷ 三角形の 1 つの外角は，それととなり合わない［2 つの内角の和］に等しい。

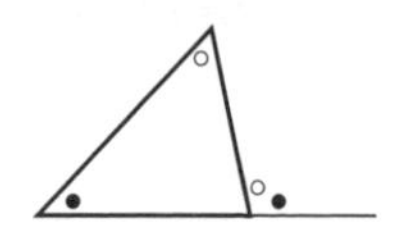

2 三角形の分類

□ 0° より大きく 90° より小さい角を［鋭角］，90° より大きく 180° より小さい角を［鈍角］という。

□ 3 つの内角がすべて鋭角である三角形を［鋭角］三角形という。

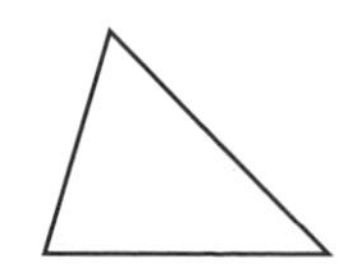

□ 1 つの内角が直角である三角形を［直角］三角形という。

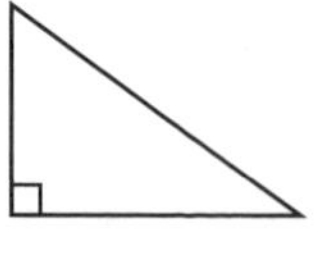

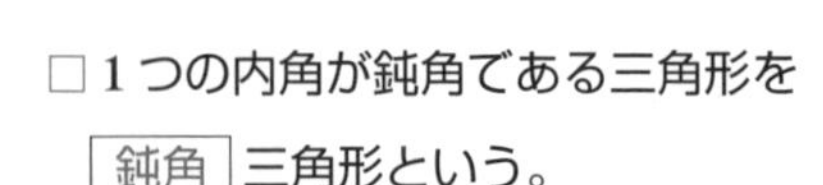

□ 1 つの内角が鈍角である三角形を［鈍角］三角形という。

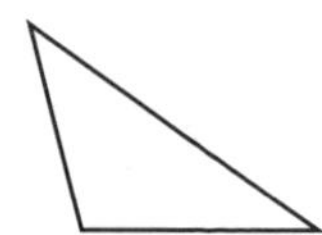

3 多角形の内角の和

□n 角形の内角の和は，［$180° \times (n-2)$］である。

4 多角形の外角の和

□多角形の外角の和は，［360］°である。

4章 図形の性質と合同

教 p.122～129

1 合同な図形の性質

□❶ 合同な図形では，対応する 線分の長さ はそれぞれ等しい。

□❷ 合同な図形では，対応する 角の大きさ はそれぞれ等しい。

2 重要 三角形の合同条件

□ 2 つの三角形は，次のどれかが成り立つとき合同である。

❶ 3 組の辺 がそれぞれ等しい。

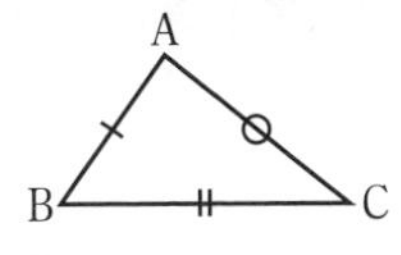

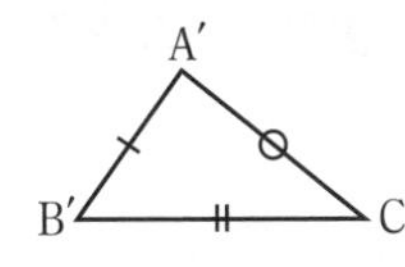

AB＝A′B′

BC＝B′C′

CA＝C′A′

❷ 2 組の辺 と その間の角 がそれぞれ等しい。

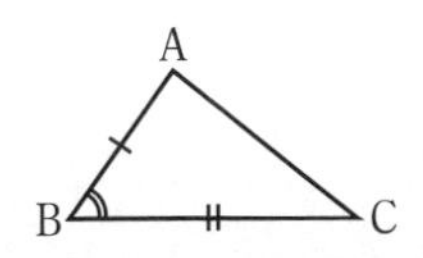

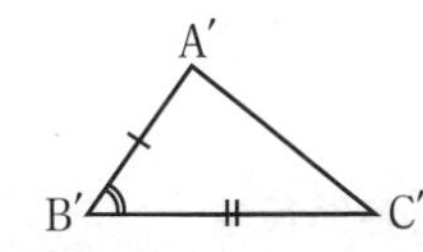

AB＝A′B′

BC＝B′C′

∠B＝∠B′

❸ 1 組の辺 と その両端の角 がそれぞれ等しい。

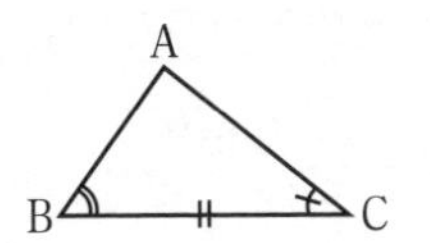

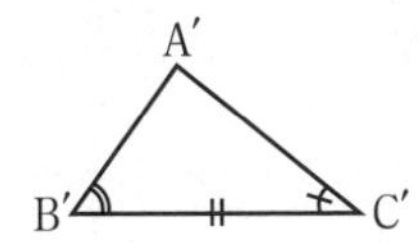

BC＝B′C′

∠B＝∠B′

∠C＝∠C′

3 証明とそのしくみ

□「㋐ならば，㋑である」の㋐の部分を 仮定 ，㋑の部分を 結論 という。

例 「$a=b$ ならば，$a+c=b+c$ である」ということがらの

仮定は $a=b$ ，結論は $a+c=b+c$

教 p.140〜148

1 二等辺三角形

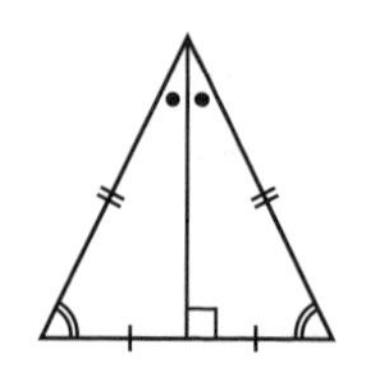

□（定義）2辺 が等しい三角形

□二等辺三角形の 2 つの 底角 は等しい。

□二等辺三角形の頂角の二等分線は，

底辺 を垂直に 2 等分する。

2 2 つの角が等しい三角形

□ 2 つの角が等しい三角形は，二等辺三角形 である。

3 正三角形

□（定義）3辺 が等しい三角形

□正三角形の 3 つの 角 は等しい。

4 重要 直角三角形の合同条件

□ 2 つの直角三角形は，次のどちらかが成り立つとき合同である。

❶ 直角三角形の斜辺と 1つの鋭角 がそれぞれ等しい。

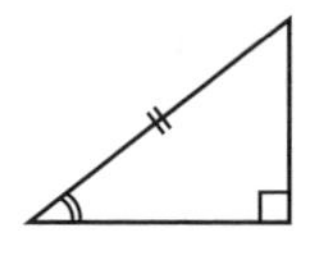
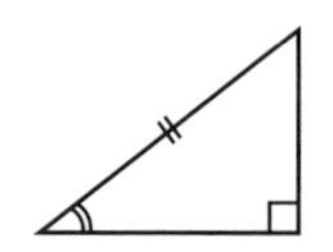

❷ 直角三角形の斜辺と 他の1辺 がそれぞれ等しい。

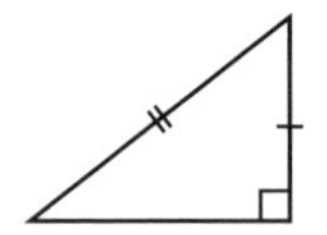
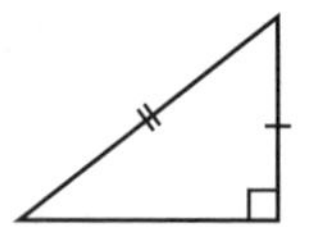

教 p.153〜160

1 平行四辺形の定義

□2組の対辺がそれぞれ 平行 な四角形

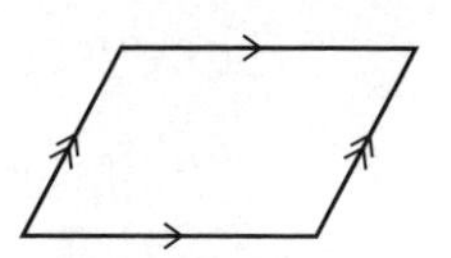

2 平行四辺形の性質

□❶ 平行四辺形の2組の 対辺 はそれぞれ等しい。

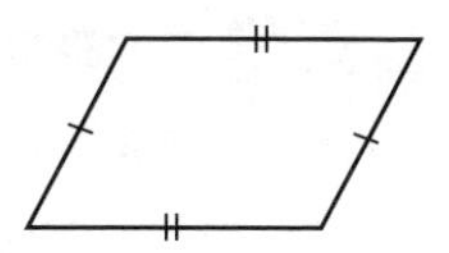

□❷ 平行四辺形の2組の 対角 はそれぞれ等しい。

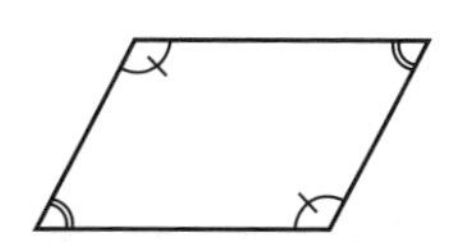

□❸ 平行四辺形の対角線はそれぞれの 中点 で交わる。

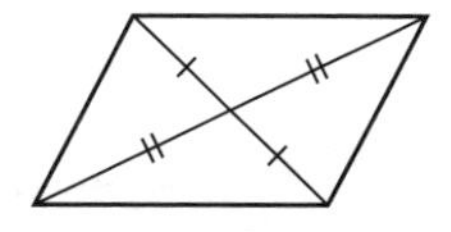

3 重要 平行四辺形になるための条件

□四角形は，次のどれかが成り立つとき平行四辺形である。

❶ 2組の 対辺 がそれぞれ平行である。（定義）

❷ 2組の 対辺 がそれぞれ等しい。

❸ 2組の 対角 がそれぞれ等しい。

❹ 対角線がそれぞれの 中点 で交わる。

❺ 1組の対辺が 平行 でその長さが 等しい 。

例 四角形ABCDが，AB∥CD，AB＝2 cm，CD＝2 cmのとき，上の条件の ❺ から四角形ABCDは平行四辺形であるといえる。

教 p.162～166

1 長方形，ひし形，正方形の定義

□ 4 つの角が等しい四角形を 長方形 という。

□ 4 つの辺が等しい四角形を ひし形 という。

□ 4 つの角が等しく，4 つの辺が等しい四角形を 正方形 という。

2 重要 四角形の対角線の性質

□❶ 長方形の対角線の長さは 等しい 。

□❷ ひし形の対角線は 垂直に交わる 。

□❸ 正方形の対角線は 長さが等しく垂直に交わる 。

3 平行四辺形，長方形，ひし形，正方形の関係

□

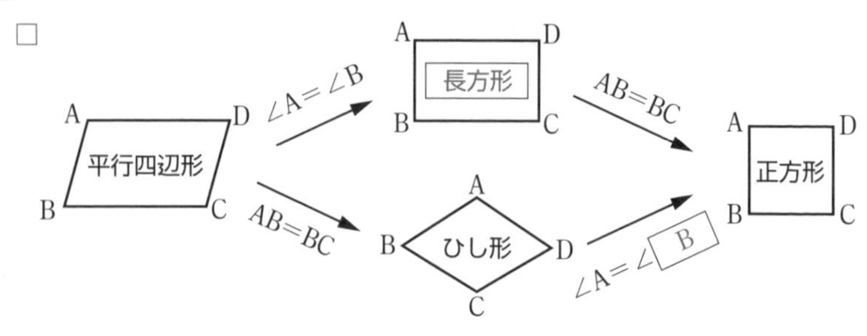

4 底辺が共通な三角形

□辺 BC を共有する △ABC と △DBC において

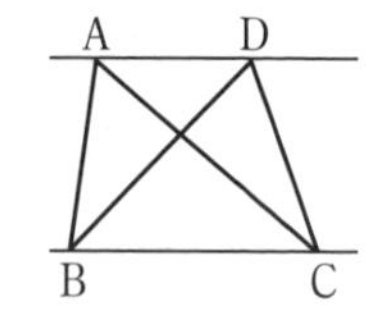

❶ AD∥BC ならば △ABC＝△ DBC

❷ △ABC＝△DBC ならば AD∥ BC

教 p.172〜178

1 四分位数

□データを値の大きさの順に並べて，4つに等しく分ける。
このとき，4等分する位置にくる値を 四分位数 といい，
小さい方から順に
第1四分位数，第2四分位数（中央値），第3四分位数，
という。

2 四分位範囲

□四分位範囲＝ 第3四分位数 － 第1四分位数
□データの中に極端に大きな値や小さな値があると，範囲 は影響を受けるが，四分位範囲 は影響を受けにくい。

3 重要 箱ひげ図

□

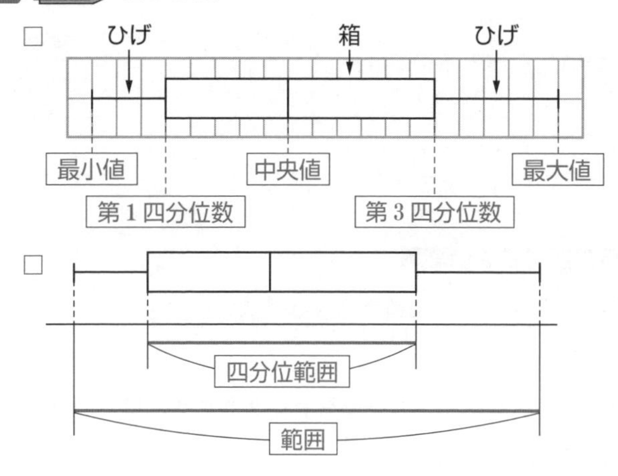

□

教 p.188〜191

1 重要 確率の求め方

□各場合の起こることが同様に確からしい実験や観察において，起こりうるすべての場合が n 通りあるとする。

そのうち，ことがら A の起こる場合が a 通りあるとき

A の起こる確率 p は　$p=\boxed{\dfrac{a}{n}}$

□絶対に起こることがらの確率は $\boxed{1}$ である。

□絶対に起こらないことがらの確率は $\boxed{0}$ である。

□あることがらの起こる確率を p とするとき，p の値の範囲は

$\boxed{0} \leqq p \leqq \boxed{1}$ となる。

|例| 赤玉 2 個，黄玉 3 個が入っている箱から玉を 1 個取り出すとき，玉の取り出し方は，全部で $\boxed{5}$ 通りだから，

・赤玉が出る確率は，$\boxed{\dfrac{2}{5}}$

・色のついた玉が出る確率は，$\boxed{\dfrac{5}{5}}=\boxed{1}$

・白玉が出る確率は，$\boxed{\dfrac{0}{5}}=\boxed{0}$

2 あることがらの起こらない確率

□一般に，ことがら A の起こる確率を p とすると，

A の起こらない確率＝$\boxed{1-p}$

|例| くじ引きで，当たりを引く確率を p とするとき，はずれを引く確率は，$\boxed{1-p}$